Ekkehard Kaier

Informatik

Referenzbuch

Mit den vollständigen Befehlslisten zu
MS-DOS, Turbo Pascal, dBASE und Multiplan

Friedr. Vieweg & Sohn   Braunschweig / Wiesbaden

CIP-Titelaufnahme der Deutschen Bibliothek

Kaier, Ekkehard:
Informatik: PC-orientierte informations-
technische Grundbildung / Ekkehard Kaier. —
Braunschweig; Wiesbaden: Vieweg.
  (Viewegs Fachbücher der Technik)

Referenzbuch: mit den vollständigen Befehlslisten zu MS-DOS, Turbo Pascal, dBASE und
Multiplan. — 1990

Das in diesem Buch enthaltene Programm-Material ist mit keiner Verpflichtung oder Garantie irgend-
einer Art verbunden. Der Autor, die Übersetzer und der Verlag übernehmen infolgedessen keine
Verantwortung und werden keine daraus folgende oder sonstige Haftung übernehmen, die auf
irgendeine Art aus der Benutzung des Programm-Materials oder Teilen davon entsteht.

Das Referenzbuch enthält die vollständigen Befehlslisten Turbo Pascal, Multiplan, MS-DOS und
DBASE. Diese Tools werden im Lehrbuch Kaier, Informatik (ab 2. Auflage) behandelt.

Der Verlag Vieweg ist ein Unternehmen der Verlagsgruppe Bertelsmann International.

Umschlaggestaltung: Hanswerner Klein, Leverkusen
Druck und buchbinderische Verarbeitung: Lengericher Handelsdruckerei, Lengerich
ISBN-13: 978-3-528-04765-8   e-ISBN-13: 978-3-322-89035-1
DOI: 10.1007/ 978-3-322-89035-1

Vorwort

Das vorliegende Referenzbuch läßt sich mit einer „Formelsammlung" vergleichen. Zu den folgenden Software Tools werden vollständige Befehlslisten angegeben:

- Betriebssystem MS-DOS
- Programmentwicklungssystem Turbo Pascal
- Datenbanksystem dBASE
- Planungssystem Multiplan

Die Menüs, Befehle, Prozeduren bzw. Funktionen werden in alphabetischer Ordnung erläutert — jeweils mit dem allgemeinen Format und mit Anwendungsbeispielen.

Das Referenzbuch kann als eigenständiges Nachschlagewerk wie auch als Ergänzung zum Lehrbuch

INFORMATIK — PC-orientierte informationstechnische Grundbildung

eingesetzt werden.

Heidelberg, im September 1989   *Ekkehard Kaier*

Inhaltsverzeichnis

1 Referenz zu MS-DOS

1.1 Befehle der Menü-Oberfläche

1.1.1 Verzeichnis der Parameter von Befehl SHELLC

DOSSHELL als Befehl: Mit DOSSHELL wird die Menü-Oberfläche von MS-DOS von der Befehlszeilen-Oberfläche aus gestartet. Beispiel:

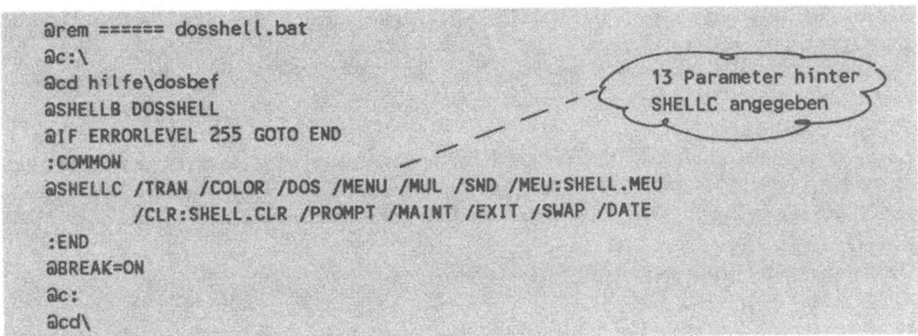

Verzeichnis der Parameter des Befehls SHELLC in DOSSHELL:

/B:n
Den Pufferspeicher für das *Dateisystem* mit n KByte festlegen. Im residenten Modus (siehe /TRAN) ist der Puffer klein zu wählen.

/C01
Den 16-Farben-Modus (640*350 Pixel) für die Menü-Oberfläche einstellen. Modus 10.

/C02
Den Zwei-Farben-Modus (640*480 Pixel) einstellen. Modus 11.

/C03
Den 16-Farben-Modus (640*480 Pixel) für die Menü-Oberfläche einstellen. Modus 12.

/CLR:Dateiname
Den Namen der Datei angeben, in der die Farbwerte für die Menü-Oberfläche abgelegt sind. Voreinstellung: /CLR:SHELL.CLR.

/COLOR
Nur bei Angabe dieses Parameters kann die Farbeinstellung über den Menüpunkt *Farben ändern* im Programmstartmenü geändert werden.

/COM2
Die Maus ist nicht an COM1, sondern an COM2 als der 2. seriellen Schnittstelle imstalliert.

/DATE
Im Hauptmenü werden oben links das Systemdatum und oben rechts die Zeit angezeigt.

/DOS
Das *Dateisystem* kann als Menüpunkt aktiviert werden.

/EXIT
Die Menü-Oberfläche kann über F3 bzw. den entsprechenden *Ende*-Menüpunkt verlassen werden. Ohne /EXIT *und* /PROMPT kann man die Menü-Oberfläche nicht verlassen.

/LF

Die Maustasten des Maustreibers werden für Linkshänder ausgetauscht.

/MAINT

Menüpunkte und Menügruppen können neu angelegt, geändert und gelöscht werden (Maintenance).

/MENU

Nach dem Aufruf wird automatisch das Hauptmenü *Programme starten* angezeigt. Beim Fehlen von /MENU kann nur das Dateisystem aktiviert werden. Beim Fehlen von /MENU *und* /DOS "geht nichts".

/MEU:Dateiname

Den Namen der Datei angeben, in der die Information der Menügruppe bereitgestellt ist, die als Hauptmenü angezeigt werden soll. Voreinstellung: /MEU:SHELL.MEU, d.h. die *Hauptgruppe* wird gezeigt. Mit der Einstellung /MEU:DOSUTIL.MEU würde die Menügruppe *Dos-Dienstprogramme...* aktiviert.

/MOS:Dateiname

Einen Maustreiber zuordnen. Auf der DOS-Systemdiskette werden die Treiber PCIBMDRV-.MOS (IBM PS/2), PCMSPDRV.MOS (Microsoft parallel) und PCMSDRV.MOS (Microsoft seriell) bereitgestellt. In CONFIG.SYS muß ein DEVICE-Befehl angegeben werden.

/MUL

Dateisystem (Multiple File System) bereitstellen.

/PROMPT

Die Menü-Oberfläche kann mit Umschalt-F9 zum Promptzeichen der Befehlszeilen-Oberfläche verlassen werden.

/SND

Akustische Warnsignale (Sound) können *nicht* abgestellt werden, sind in jedem Falle hörbar.

/SWAP

Bei temporärem Verlassen der Menü-Oberfläche (Programmaufruf, Umschalt-F9) werden Steuerungsdaten zum Hauptmenü bzw. Dateisystem kurzfristig auf eine Disketten- bzw. Festplattendatei geschrieben.

/TEXT

Menü-Oberfläche arbeitet im Text-Modus und nicht im Grafik-Modus.

/TRAN

Die Menü-Oberfläche arbeitet im transienten Modus.

- Tansienter Modus (vorteilhaft bei Festplatte): Speicherplatzintensive Teile von DOS werden nur jeweils bei Bedarf von der Festplatte in den RAM geladen. Nur die fortwährend benötigten Teile werden dauernd (resident) im RAM installiert.
- Residenter Modus (vorteilhaft bei Diskette): Bei Start wird die Menü-Oberfläche komplett in den RAM geladen. Ein späterer Diskettenwechsel zum Nachladen von Menü-Befehlen entfällt. Gleichwohl verkleinert sich der verfügbare Speicherplatz.

1.1.2 Verzeichnis der Programmstartbefehle

Befehlsstapel: In der Befehlzeile eines Menüpunktes können mehrere Befehle durch das Zeichen "‖" (Alt-186) getrennt gestapelt werden. Beispiel mit den gestapelten Befehle FORMAT und PAUSE:

```
FORMAT [/t"Formatieren" /i"Zu formatierendes Laufwerk angeben:"
        /p"Parameter . . " /d"A: " /r] | PAUSE
```

Verzeichnis der Programmstartbefehle: Die in der Befehlszeile angegebenen Befehle /T, /I, /P, /D und /R bezeichnet man als Programmstartbefehle (engl. PSC für "Program Startup Commands").

[Befehlsliste]
Ein Fenster am Bildschirm öffnen, um die Benutzereingabe(n) als Parameter an die zwischen [] angegebenen Befehle zu übergeben.

[/T"..."]
Die Titelzeile des Eingabefensters mit maximal 40 Zeichen angeben, die als erste Zeile im Fenster zentriert angezeigt wird. Voreinstellung: leer.

[/I"..."]
Die Informationszeile mit maximal 40 Zeichen angeben, die als zweite Zeile zentriert angezeigt wird. Voreinstellung:
```
     Parameter eingeben, dann Eingabetaste betätigen.
```

[/P"..."]
Eine Prompt-Meldung mit maximal 20 Zeichen angeben, die links neben dem Eingabefeld angezeigt wird. Voreinstellung:
```
     Parameter . . [                 >
```

[/D"..."]
Defaultwerte für das Eingabefeld angeben, die der Benutzer dann für seine Eingabe übernehmen (Return-Taste) oder durch eigene Parameterwerte ersetzen kann (eigene Werte tippen).

[/L"n"]
Die Länge der Benutzereingabe im Eingabefeld auf n Zeichen begrenzen. Voreinstellung: 127 Zeichen als Maximallänge.

[/M"e"]
Existenzprüfung: Es werden wiederholt Dateinamen zur Eingabe angefordert, bis der Name einer existierenden Datei gelesen wird.

[/R]
Den Inhalt des Eingabefensters (samt /D-Defaults) löschen, wenn eine Nicht-Editiertaste (Einfg, Entf, Pfeiltaste) gedrückt worden ist.

[/F"..."]
Eine Dateibezeichnung (File) mit Laufwerk, Verzeichnis und Dateiname angeben. Der Benutzer wird zur Eingabewiederholung aufgefordert, falls die Datei nicht gefunden wird.

[%n ...]
Parametereingabe in einer Parametervariablen %1, %2, ..., %10 zusätzlich speichern. *%n* ist als erste Option zwischen [] zu schreiben.

%n
Den Wert einer Parametervariablen %1, %2, ..., %10 außerhalb des Fensters [] aufrufen.

[/C"%n"]
Den Wert einer Parametervariablen %1, %2, ..., %10 in das Eingabefenster zurückkopieren.

[/D"%n]
Den Wert einer Parametervariablen %1, %2, ..., %10 als Default in das Eingabefenster übernehmen.

/#
Die Bezeichnung des aktiven Laufwerks zurückgeben.
/@
Den Namen des aktiven Verzeichnisses zurückgeben.

Befehle in der Befehlszeile bzw. Programmstartbefehlsliste voneinander trennen. Zu unterscheiden: ‖(Alt-186) und Pipe-Zeichen | (Alt-124).

1.1.3 Verzeichnis der Menübefehle

Menüpunkte in der waagrechten Menüleiste in "Programme starten":

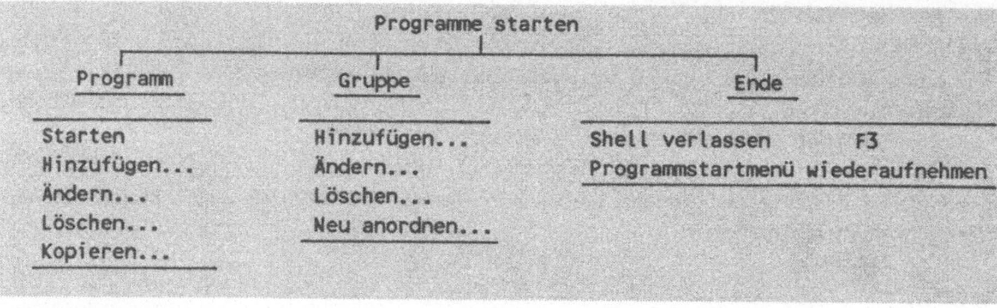

Menüpunkte in der senkrechten Menüleiste in der "Hauptgruppe":

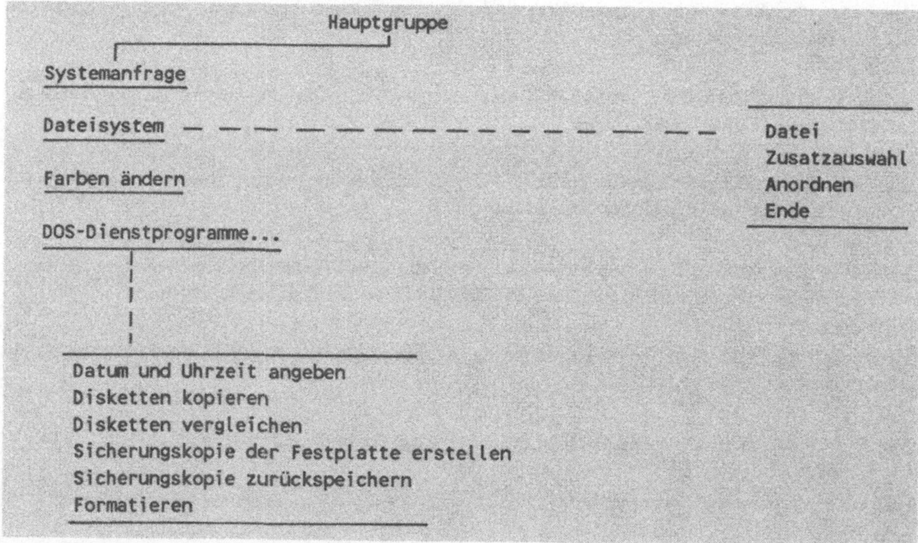

Menüpunkte des Dateisystems:

```
                              Dateisystem
                                  |
        ┌─────────────────────────┼───────────────────────┐
      Datei             Zusatzauswahl    Anordnen              Ende
  Eröffnen (Starten)...           |        / Dateisystem verlassen  F3
  D rucken...                     |       /  Dateisystem wiederaufnehmen
  Zuordnen...                     |      /
  Verschieben...                  |     /
  Kopieren...                     |     Dateiübersicht - ein Verzeichnis
  Löschen...                      |     Dateiübersicht - zwei Verzeichnisse
  Umbenennen...                   |     Dateiübersicht - ein Laufwerk
  Attribut ändern...              |
  Anzeigen...                     |
  Verzeichnis erstellen...        |
  Gesamtauswahl            Sortierreihenfolge bei Anzeige...
  Gesamtauswahl aufheben   Weitere Angaben zu Dateien...
                           Statusinformationen anzeigen..
```

1.2 Verzeichnis der Zeilenbefehle von MS-DOS

ANSI.SYS   **Tastatur-Treiber (config.sys)**
device=ansi.sys [/k][/l][/x]

APPEND   **Auf Dateien zugreifen (extern, ab 3.3)**
append d:Pfad [;[d:]Pfad ...]
append [/x:on/off][/e][/path:on/off]

ASSIGN   **Zugriff umleiten (extern)**
assign [x[=]y[...]]

ATTRIB   **Dateiattribute einstellen (extern)**
attrib [+r/-r][+a/-a] [d:][Pfad][Dateiname[.erw] [/s]

AUTOEXEC.BAT   **Spezielle Stapeldatei**
- copy con autoexec.bat   Datei erstellen und mit Ctrl-Z beenden.

BACKUP   **Daten von Platte sichern (extern)**
backup d:[Pfad][Dateiname[.erw]] d:[/s][/m][/a][/f][/l]
[/d:Zeit][/t:Zeit]

BREAK   **Abbruch prüfen (intern, config.sys)**
break [on/off]

BUFFERS   **Pufferanzahl (config.sys)**
buffers=Puffer [,Sektoren][/x]   *(2-99 Dateipuffer)*

CALL   **Stapeldatei aufrufen (Stapel)**
call [d:][Pfad][Stapeldatei][Parameter]

CD   **Verzeichnis wechseln (intern)**
cd [d:][Pfad]

CHCP   **Zeichensatztabelle (intern, ab 3.3)**
chcp [Zeichensatztabelle]   chcp für "Change Code Page"

CHDIR   **Wie cd (intern)**

CHKDSK   **Speicherstatusbericht (extern)**
chkdsk[d:][Pfad][Dateiname[.erw]][/f][/v]   *f=Fehler, v=Anzeigen*

CLS   **Bildschirm löschen (Stapel)**
- cls   Bildschirm löschen (Farbe bleibt).

COMMAND   **Befehlsprozessor laden (extern)**
command [d:][Pfad][/p][/c Befehl] [/e:xxxxx] [/msg]

COMP   **Dateiinhalt vergleichen (extern)**
comp [d:][Pfad][Dateiname[.erw]] [d:][Pfad][Dateiname[.erw]]

COPY Datei1 Datei2   **Dateien kopieren (intern)**
copy [d:][Pfad]Dateiname[.erw] [d:][Dateiname[.erw]] [/v][/b][/a]

COPY Datei1+Datei2 ... Datei   Dateien zusammenfügen (intern)
copy [d:][Pfad]Dateiname[.erw] [+[d:][Pfad]Dateiname[.erw] ...]
    [d:][Pfad][Dateiname[.erw]][/v]

COPY Eingabeeinheit Datei   Eingabe von Einheit aus (intern)

COPY Datei Ausgabeeinheit   Datei drucken (intern)

COUNTRY   **Länderanpassung (config.sys)**
country=Landesnummer [,Zeichensatz [,Dateiname]]
Landesnummern: 049 D, 001 USA, 033 F, 032 B, 045 DK, 044 GBR, 039 I, 081 J, 002 CDN, 003
Lateinamerika, 031 NL, 047 N, 351 P, 046 S, 041 CH.

CTTY   **Standardeinheit ändern (intern)**
ctty Einheitenname   *(aux,com1,com2,con,ext,lpt1,lpt2,lpt3,prn,nul)*

DATE   **Datum setzen/anzeigen (intern)**
date [tt.mm.jj]

DEBUG   **Maschinenspracheeditor (extern)**
debug [Dateiname][SimulierteParameter]

DEVICE   Einheitentreiber laden (config.sys)
device=[d:][Pfad] Dateiname[.erw] [Parameter]
Einheitentreiber auf DOS-Diskette: ansi.sys (Tastatur, ab 2.0), display.sys (Bildschirm, ab
3.3), driver.sys (Diskette, ab 3.2), printer.sys (Drucker, ab 3.3), vdisk.sys (RAM-Disk, an 3.0),
xmaem.sys (IBM PS/2 EM-Adapter-Simulation (ab 4.0) und XMA2EMD.SYS (LIM-4.0-Trei-
ber, ab 4.0).

DIR   Inhaltsverzeichnis zeigen (intern)
dir [d:][Pfad][Dateiname[.erw]][/p][/w]   *mit w=wide, p=page*

DISKCOMP   Disketteninhalt vergleichen (extern)
diskcomp [d: [d:]][/1][/8]   */1=1. Diskettenseite, /8=8 Sektoren*

DISKCOPY   Disketteninhalt kopieren (extern)
diskcopy [d: [d:]][/1]

DISPLAY.SYS   Zeichensatztabelle (config.sys, ab 3.3)
device=display.sys con[:]=([Typ[,Zeichensatz][,n,m]])
Typ mit MONO, CGA, EGA und LCD. Zeichensatz 437, 850, 860, 863 bzw. 865 (siehe coun-
try.sys). n für Anzahl der Codes und m für Anzahl der Schriftarten.
Wichtig: display.sys darf in config.sys immer erst nach ansi.sys eingerichtet werden.

DRIVER.SYS   Blockeinheitentreiber (config.sys)
device=driver.sys /d:Laufw[/t:Spuren][/s:Sektoren][/h:Köpfe]
[/f:Gerätetyp][/c][/n]

```
Parameter mit Defaults für den Gerätetreiber:
    /d      Laufwerk (Drive)            A=0, B=1, C=2, ...
    /t      Spuren (Tracks) je Seite    1-999              (Default 80)
    /s      Sektoren je Spur            1-99               (Default 9)
    /h      Schreib-/Lese-Köpfe (Heads) 1-99               (Default 2)
    /f      Gerätetyp (File) siehe unten


Gerätetypen, die durch driver.sys unterstützt werden:
    Gerätetyp    Laufwerk    Spuren    Sektoren    Tpi    Ab DOS-Version:
        7        1,44 MB       80         18       270         3.3
        2        720 KB        80          9       135         3.2
        1        1,2 MB        80         15        96         3.0
        0        360 KB        40          9        48         2.0
        0        320 KB        40          8        48         1.1
        0        180 KB        40          9        48         2.0
        0        160 KB        40          8        48         1.0
```

DOSSHELL   Menü-Oberfläche rufen (Stapel, ab 4.0)
dosshell   *Stapeldatei dosshell.bat aufrufen*

ECHO   Nachricht anzeigen (Stapel)
[@]echo [on/off/Nachricht]

EDLIN   Zeilentexteditor (extern)
edlin Dateiname [/b]

ERASE   Dateien löschen (intern)
erase [d:][Pfad]Dateiname[.erw] [/p]

EXE2BIN   exe in com/bin ändern (extern)
exe2bin [d:][Pfad]Dateiname[.erw] [d:][Pfad][Dateiname[.erw]]

EXIT   Prozessorkopie verlassen (intern)
exit

FASTOPEN   Festplattenzugriff rasch (extern, ab 3.3)
fastopen d:[=Dateianzahl] ...[/x]
fastopen d:[=(Dateianzahl,Extents)]...[/x]   *(ab 4.0)*

FCBS   File Control Block (config.sys)
fcbs = Maximum [Geschützt]   *(Dateiverwaltung vor 2.11)*

FDISK   Festplatten-Utility (extern)
fdisk

FILES   Zugriffsanzahl (config.sys)
files=AnzahlDateien   *(Default=8)*

FIND   Filterbefehl (extern)
find [/v][/c][/n]"String" [[d:][Pfad]Dateiname[.erw]...]

FOR   Schleifenbildung (Stapel)
for %%Variable in (Menge) do Befehl
Schleifen-Schachtelung nicht möglich. Wird der for-Befehl im Direktmodus bzw. in der Menü-
Oberfläche eingesetzt: % anstelle von %% schreiben.

FORMAT   Diskette formatieren (extern)
format d: [/s][/1][/4][/8] [/v[:Name]]
         [/b] [/4][/n:Sekt][/t:Spur] [/f:Kap]

Erlaubte Parameter bei den verschiedenen Diskettenarten (für IBM):

160/180 KB	/f, /s, /v, /1, /8, /b, /4
320/360 KB	/f, /s, /v, /1, /8, /b, /4
720 KB/1.44 MB	/f, /s, /v, /n, /t
1,2 MB	/f, /s, /v, /n, /t
Festplatte	/f, /s, /v

Erlaubte Werte für Parameter /f mit Angaben in KByte (ab 4.0):
/f:160, /f:180, /f:320, /f:360, /f:720, /f:1.2 oder /f:1200, /f:1.44 oder /f:1440.

GOTO   Verzweigung (Stapel)
goto [:]Sprungziel

GRAFTABL   Grafikzeichensatz laden (extern)
graftabl [437/850/860/863/865 / /status / ?]
Fünf unterstützte länderspezifische Zeichensatztabellen:
437=USA (Standard-IBM-Zeichensatz), 850=Mehrsprachige Zeichen, 860=Portugal,
863=Frankreich, 865=Norwegen.

GRAPHICS   Grafik-Druckertreiber (extern)
graphics [Druckertyp][Info][/r][/b][lcd][/printbox:Kennung]

IF   Auswahlstruktur (Stapel)
if [not] Bedingung Befehl

INSTALL   Befehl resident halten (config.sys)
install=Dateiname [Parameter]
Über config.sys können folgende Programme bereits bei der Systemkonfiguration im RAM resident installiert werden: fastopen.exe, keyb.com, nlsfunc.exe und share.exe (ab 4.0).

JOIN   Verzeichnis umleiten (extern)
join   oder   join d: d:\Verzeichnis   oder   join d:/d   (3 Formate)

KEYB   Tastatur anpassen (extern, ab 3.3)
keyb[xx[,[yyy],[[d:][Pfad]Tastaturdefinitionsdatei[.erw]]]][/id:ID]

KEYBOARD.SYS   Tastaturdefinition (ab 3.3)
Tastaturdefinitionsdatei mit den Zeichensatztabellen für KEYB.COM.

KEYBxx   Tastatur für Land xx (extern, bis 3.2)

LABEL   Name von Platte ändern (extern)
label [d:][Name]   *(max. 11 Zeichen lang)*

LASTDRIVE   Größte Laufwerksbez. (config.sys)
lastdrive=Laufwerksbezeichnung   *(a-z mit Default=e)*

LINK   Objektdateien binden (extern)
link [Dateien,[EXE-Datei,[Kontrolldatei,[Bibliotheken]]] [Optionen][;]

MD   Verzeichnis erstellen (intern)
md [d:]Pfad

MKDIR   Wie md; Make Directory (intern)

MEM   Freier Speicherplatz (extern, ab 4.0)
mem [[/debug / /program]]

MODE   Modus für Schnittstelle (extern)
mode lpt#[:][n][,[m][,p]
mode n oder mode [n],m[,t]
mode comn[:]Baud[,Parität[Datenbits[,Stoppbits[,p]]]]
mode lpt#[:]=comn
- mode lpt1=com2   Alle Druckaufträge an serielle Schnitt-
                                                stelle com2 umleiten.
mode con rate=Tastaturwiederholungfrequenz delay=Verzögerung
mode con [cols=Spalten] [lines=Zeilen]
mode Einheit   *Zeichensatztabellen verwalten*
mode Einheit codepage prepare=((cp) Zeichendatei)
mode Einheit codepage select=CP
mode Einheit codepage [/status]
mode Einheit codepage refresh

MORE   Bildschirm-Filterbefehl (extern)
more

NLSFUNC   Landesfunktionen laden (extern)
nlsfunc [Dateiname]   *(National Language Support Funkctions)*
nlsfunc   country.sys als Standarddatei laden.

PATH   Verzeichnis-Pfad nennen (intern)
path [[d:]Pfad[[;[d:]Pfad]...]]

PAUSE   Unterbrechung (Stapel)
pause [Bemerkung]

PRINT   Warteschlange drucken (extern)
print [/d:Einheit][/b:Puffer][u:In Arbeit-Puls][/m:max.Pulszahl]
*   [s:Zeitscheibe][/q:Schlangengröße)]*   *erstmalig*
print [/c][/t][/p][[d:][Pfad][Dateiname[.erw.]...]   *später*
Ausgabegerät lpt1 einrichten: 40 Dateien in Schlange (queue), Puffer 1024 Byte groß, Druk-
ker-spooler mit 8 Taktzyklen (als Default) aufgerufen (dabei können jeweils maximal 200 Zyk-
len in Anspruch genommen werden), 5 Taktzyklen ohne Zeitüberschreitungsfehler warten.

PRINTER.SYS   Druckerzeichensätze (config.sys, ab 4.0)
device=printer.sys lpt Nummer[:] = Typ[,Zeichensatztabelle [,Anzahl]]
Länder-Zeichensatztabellen für Drucker 4201, 4202, 4207, 4208 und 5202 einrichten.

PROMPT   Bereitschaftszeichen neu (extern)
prompt [Prompt-Definitionsstring]
Zeichen für Prompt-Definitionsstring: Pipe \$b, Datum \$d, Excapezeichen (01bh) \$e, Größerzei-
chen \$g, Backspace \$h, Kleinerzeichen \$l, Laufwerk \$n, Pfad \$p, Gleichheitszeichen \$q, Systemzeit \$t, Versionsnummer \$v, CR/LF-Sequenz \$_ und Dollarzeichen \$\$.

REM   **Bemerkungszeile (config.sys, Stapel)**
rem Bemerkung

RD   **Verzeichnis löschen (intern)**
rd [d:]Pfad

RECOVER   **Datei wiederherstellen (extern)**
recover [d:][Pfad]Dateiname[.erw]

RENAME   **Dateiname ändern (intern)**
ren[ame] [d:][Pfad][Dateiname[.erw]] Dateiname[.erw]

REPLACE   **Platten-Dateien ersetzen (extern)**
replace [d:][Pfad]Quelldat[.erw] [d:][Pfad][/a] [/p][/r][/s][/w]
Ausgabe von errorlevel-Werten: 2 (Datei nicht gefunden), 3 (Pfad nicht gefunden), 8 (zu wenig
Speicherplatz), 11 (Format ungültig), 15 (Laufwerk ungültig), 22 (DOS-Version ungültig), 50
(Read-Only-Datei) an die Stapelverarbeitung.

RESTORE   **Gegenstück zu backup (extern)**
restore d:[d:][Pfad]Dateiname[.erw.][/s][/p][/m][/n]
[/a:Datum][/b:Datum][/e:Zeit]

REM   **Bemerkung in Stapel (intern)**
rem [Bemerkung]

RMDIR   **Verzeichnis löschen (siehe rd)**

SELECT   **DOS installieren (extern)**
select [menu]

SET   **Umgebungsvariable (intern)**
set [Name=[Parameter]]

SHARE   **Netzwerk installieren (extern)**
share [/f:Dateigröße][/l:Sperren]

SHELL   **Befehlsprozessor laden (config.sys)**
shell=[d:][Pfad]Befehlsprozessor[.erw] [/e:Umgebung] [/p] [/msg]
/e reserviert Speicherplatz für den Umgebungsspeicher (160-32768 Byte, Default 160 Byte).
/p startet autoexec.bat nach dem Laden des Befehlsprozessors jeweils neu.
/msg lädt Fehlermeldungen in den RAM (bei PC mit nur einer Diskette erforderlich).
Der shell-Befehl beeinflußt die Umgebungsvariable comspec nicht! Deshalb muß nach dem Laden des Prozessors in autoexec.bat die Variable comspec neu setzen. Sonst kann der Befehlsprozessor bei der Rückkehr nicht nachgeladen werden:

SHIFT   **Parameter verschieben (Stapel)**
shift   *Verschiebung um 1 bei Befehlsaufruf*
Bis zu neun Parameter %1 - %9 können an eine Stapeldatei übergeben werden. shift verschiebt
die Parameterliste um eine Stelle nach links (%9 wird zu %8, und %9 wird somit verfügbar).

SORT   **Filterbefehl: Sortierung (extern)**
sort[/r][+n]   *(r=absteigend; n=ab Spalte n; n=1 Def.)*

STACKS   **Stack-Standardwerte (config.sys)**
stacks=Stapel, Größe

SWITCHES   **Standardtastatur (config.sys, ab 4.0)**
switches=/k

SUBST   **Laufwerk -> Verzeichnis (extern)**
subst d: d:Pfad [/d]   *(lastdrive beachten)*

SYS   **DOS auf Platte kopieren (extern)**
sys dZiel: *(command.com nicht übertragen)*

TIME   **Systemzeit setzen, ändern (intern)**
time [hh:mm:[:ss[.tt]]]

TREE   **Verzeichnisbaum zeigen (extern)**
tree [d:][/f]

TYPE   **Datei im ASCII anzeigen (intern)**
type [d:][Pfad]Dateiname[.erw]

VDISK.SYS   **RAM-Disk-Treiber (config.sys)**
device=[d:][pfad]vdisk.sys [Größe] [Sektorgröße] [Einträge]
[/e:MaxExt] [:x/MaxExp]

Größe	Kapazität der RAM-Disk von 1 KB bis RAM-Größe (Default 64 KB).
Sektorgröße	128, 256 oder 512 (Default 128 KB).
Einträge	Anzahl der Dateieinträge (Dateinamen) von 2 bis 512 (Default 64).
/e	Bei AT, PS/2 und 386-PC RAM-Disk im Extended Memory anlegen. MaxExt=1-8 Sektoren auf einmal aus RAM-Disk lesen (Default 8).
/x	Zuerst mit xma2ems.sys Expanded Memory einrichten, dann diesen anlegen und MaxExp=1-8 Sektoren einlesen (Default 8).

VER   **Versionsnummer zeigen (intern)**
ver

VERIFY   **Aufzeichnung prüfen (intern)**
verify [on/off]

VOL   **Namen der Platte zeigen (intern)**
vol [d:]

XCOPY   **Dateigruppe kopieren (extern)**
xcopy [d:][Pfad]Dateiname[.erw] [d:][Pfad][Dateiname[.erw]]
[/a][/d][/e][/m][/p][/s][/v][/w]:

2 Referenz zu Turbo Pascal

2.1 Grundlegende Definitionen

2.1.1 Reservierte Wörter

Verzeichnis der reservierten Wörter:
ABSOLUTE, AND, ARRAY, BEGIN, CASE, CONST, CONSTRUCTOR, DESTRUCTOR,
DIV, DO, DOWNTO, ELSE, END, EXTERNAL, FILE, FORWARD, FUNCTION, GOTO, IF,
IMPLEMENTATION, IN, INLINE, INTERFACE, INTERRUPT, LABEL, MOD, NIL, NOT,
OBJECT, OF, OR, PACKED, PROCEDURE, PROGRAM, RECORD, REPEAT, SET, SHL,
SHR, STRING, THEN, TO, TYPE, UNIT, UNTIL, USES, VAR, VIRTUAL, WHILE, WITH,
XOR.

VAR Variablenname: Datentyp ABSOLUTE Adressangabe;
ABSOLUTE gibt dem Compiler die Speicheradresse der Variablen an.

i := IntegerAusdruck AND IntegerAusdruck;
AND als arithmetischer Operator verknüpft bitweise.

b := BoolescherAusdruck AND BoolescherAusdruck;
AND als logischer Operator verknüpft über "logisch UND".

CONST Konstantenname = konstanter Wert;
Auf eine Konstante wird später nur lesend zugegriffen.

CONST Typkonstantenname: Typ = Anfangswert;
Eine typisierte Konstante wird als initialisierte Variable verwendet.
```
CONST Bezeichnung: STRING[30] = 'Clematis';
```


CONSTRUCTOR Con[(Parameterliste)];
Ein Objekt initialisieren, das virtuelle Methoden enthält.

DESTRUCTOR Done[(Parameterliste)];
Dispose(Objektzeiger,DESTRUCTOR);
Ein Objekt aus dem Heap entfernen.

i := IntegerAusdruck DIV IntegerAusdruck;
Zwei Integerzahlen ganzzahlig dividieren. Siehe MOD.

DO Anweisung;
Die auf DO folgende Anweisung (ggf. BEGIN-END-Verbund) ausführen.

FOR ... DOWNTO ...;
Zähler um jeweils 1 vermindern. Siehe FOR-Schleife.

IF ... THEN ... ELSE;
Zweiseitige Auswahl kontrollieren. Siehe Anweisung IF-THEN-ELSE).

END;
Eine mit OBJECT, PROGRAM, PROCEDURE, RECORD, UNTIL,
CASE bzw. BEGIN (Block, Verbund) eingeleitete Struktur beenden.

PROCEDURE Name(Parameterliste); EXTERNAL;
Ein in Maschinensprache geschriebener Unterablauf (FUNCTION,
PROCEDURE) getrennt compilieren und über EXTERNAL einbinden.

PROCEDURE Prozedurkopf; FORWARD;
FORWARD schreibt man anstelle des Prozedurblocks, um eine Prozedur
aufzurufen, bevor ihr Anweisungsblock vereinbart worden ist.

```
    PROCEDURE Demo(VAR r:Real); FORWARD;
```

FUNCTION Funktionsname [(Parameterliste)]: Typname;
[Vereinbarungen]
BEGIN

  ...
END;
FUNCTION leitet die Vereinbarung einer Funktion als Unterablauf ein.

IMPLEMENTATION
IMPLEMENTATION umfaßt den Programmcode einer Unit zwischen IN-
TERFACE (Schnittstelle) und INITIALISIERUNG (Hauptprogramm).

b := Ausdruck IN Menge;
IN als Operator prüft, ob der im Ausdruck angegebene Wert (einfacher
Datentyp) als Element in der Menge enthalten ist.

INTERFACE
Bestandteil von Units zur Definition der Schnittstelle.

PROCEDURE Name(Parameterliste): INTERRUPT;
INTERRUPT-Prozeduren werden über Interrupt-Vektoren aufgerufen.

LABEL Sprungmarke [,Sprungmarke];
LABEL-Vereinbarungen geben die verwendeten Markennamen an.

IntegerAusdruck MOD IntegerAusdruck;
MOD gibt den Rest bei ganzzahliger Division (Modulus) an.

i := NOT IntegerAusdruck;
NOT als arithmetischer Operator kehrt die Bitbelegung um.

b := NOT BooleanAusdruck;
NOT als logischer Operator negiert den logischen Wert des Ausdrucks.

```
TYPE Klasse = OBJECT                        {Objekttyp als Klasse}
              Variable1;                    {Daten des Objekttyps}
              Variable2;
              ...;
              PROCEDURE Methode1 [(Parameterliste)];      {Methoden}
              PROCEDURE Methode2 [(Parameterliste)];
              ...;
               END;
```

Mit OBJECT wird ein Objekttyp als Verbund von Daten und Methoden vereinbart, um über *VAR Objekt1:Klasse* dann z.B. ein Objekt namens Objekt1 als Instanz eines Objekttyps zu erzeugen (ab 5.5).

OF
Siehe Anweisung CASE-OF zur Fallabfrage.

i := IntegerAusdruck OR IntegerAusdruck;
OR als arithmetischer Operator setzt Bits, wenn sie mindestens in einem der beiden Ausdrücke gesetzt sind.

b := BooleanAusdruck OR BooleanAusdruck;
OR als logischer Operator verknüpft gemäß "logisch ODER".

PROCEDURE Prozedurname [(Parameterliste)];
  [Vereinbarungen]
  BEGIN ... END;
PROCEDURE leitet die Vereinbarung einer Prozedur als Unterablauf ein.


```
PROGRAM Programmname [(Parameterliste)];
[USES] {ab 4.0}
[OVERLAY] {ab 5.0}
[LABEL]
[CONST]
[TYPE]                         Vereinbarungen
[TYPE OBJECT] {ab 5.5}
[VAR]
[PROCEDURE]
[FUNCTION]


BEGIN
   ...            Anweisungen
END.
```
Das Wort PROGRAM leitet den Quelltext eines Pascal-Programmes ein.

i := IntegerAusdruck SHL BitAnzahl;
SHL als logischer Operator verschiebt die Bits im Ausdruck um die angegebene Bitanzahl nach links (SHift Left).

THEN
Den Ja-Zweig bei der Kontrollanweisung IF-THEN-ELSE einleiten.

TO
Den Endwert bei der Zählerschleife FOR-TO-DO begrenzen.

TYPE Datentypname = Datentyp;
Ergänzend zu Standard-Datentypen eigene Datentypen vereinbaren.

UNIT Unit-Name;
Die Vereinbarung einer Unit als besonderer Programmform einleiten.

REPEAT ... UNTIL ...;
Den Anweisungsblock einer Schleife REPEAT-UNTIL beenden.

VAR Variablenname: Datentypname;
Den Vereinbarungsteil für Variablen einleiten.

PROCEDURE Name(Parameterliste); VIRTUAL;
Eine als VIRTUAL vereinbarte Methode (Prozedur, Funktion) kann verschiedene Arten von Objekten bearbeiten, da erst zur Laufzeit festgestellt
wird, zu welcher Klasse das betreffende Objekt gehört (spätes Binden).

i := IntegerAusdruck XOR IntegerAusdruck;
Ganzzahlige Ausdrücke mit "exklusiv ODER" bitweise so verknüpfen, daß
nur bei gleichen Bits das Ergebnisbit gelöscht wird.

b := BooleanAusdruck XOR BooleanAusdruck;
Boolesche Ausdrücke mit "exklusiv ODER" verknüpfen.

Zeigervariable := @Bezeichner;
@ als Adreß-Operator weist die Adresse einer Variablen bzw. Routine zu.

2.1.2 Datentypen und Datenstrukturen

ARRAY[Indextyp] OF Elementtyp;
Die Datenstruktur Array ist eine Folge von Elementen mit jeweils gleichen Datentypen. Der Indextyp muß abzählbar sein (Integer, Byte, Char, Boolean, Aufzähltyp, Unterbereichstyp).

VAR Variablenname: Boolean;
Vordefinierter Datentyp für Wahrheitswerte True (wahr) und False.

VAR Variablenname: Byte;
Vordefinierter Datentyp für ganze Zahlen zwischen 0 und 255.

VAR Variablenname: Char;
Vordefinierter Datentyp für ein Zeichen (Zeichen 0-255 gemäß ASCII, 1 Byte). Darstellungen: 'a', ^C (für Strg-C) bzw. #13 (für Chr(13)).

VAR Variablenname: Comp:
Vordefinierter Real-Typ (-9.2*E18 bis 9.2*E18, 18-19 Stellen, 8-Byte-Format), der einen numerischen Coprozessor voraussetzt.

VAR Variablenname: Double;
Real-Datentyp mit einem Wertebereich von 5.0*E-324 bis 1.7*10E+308 (15-16 Stellen, 8 Byte), der einen numerischen Coprozessor voraussetzt.

VAR Dateiname: Extended;
Real-Datentyp mit einem Wertebereich von 1.9*E-4951 bis 1.1*E+4932 (19-20 Stellen, 10 Byte), der einen numerischen Coprozessor voraussetzt.

VAR Variablenname: Integer;
Vordefinierter Datentyp für ganze Zahlen zwischen -32768 und +32767.

VAR Dateiname: FILE;
FILE vereinbart eine nicht-typisierte bzw. unstrukturierte Datei.

VAR Dateiname: FILE OF Komponententyp;
Eine durch FILE OF vereinbarte typisierte Datei besteht aus Komponenten bzw. Datensätzen, die alle den gleichen Typ aufweisen.

VAR Variablenname: LongInt;
Ganzzahliger Standardtyp mit einem Wertebereich von -2147483648 bis 2147483647 (4 Byte mit Vorzeichen).

VAR Variablenname: Real;
Standardtyp für reelle Zahlen zwischen -2.9*1E-39 und 1.7*1E+38 (11-12 Stellen genau, 6 Byte-Format).

RECORD Feld1:Typ1; Feld2:Typ2; ...; Feldn:Typn END;
Die Datenstruktur Record dient als Verbund von Komponenten (Datenfeldern), die verschiedene Typen haben können.

SET OF Grundmengentyp;
SET zur Bezeichnung einer Untermenge.

VAR Variablenname: ShortInt;
Ab Pascal 4.0 sind die Integer-Typen ShortInt, Integer, LongInt, Byte und Word vordefiniert. ShortInt für 8-Bit-Zahlen mit Vorzeichen (-128..127).

VAR Variablenname: Single;
Real-Typen Real, Single, Double, Extended und Comp ab Version 4.0. Single umfaßt den Bereich von 1.5*E-45 bis 3.4*E38 (Genauigkeit 7-8 Stellen, 4 Byte) und setzt einen numerischen Coprozessor voraus.

STRING[Länge] bzw. *STRING:*
String als Datenstruktur für Zeichenketten mit einer Maximallänge von 255 Zeichen. Bei Fehlen wird 255 als Standardlänge eingestellt.

VAR Dateiname: Text;
Der Standard-Dateityp Text kennzeichnet eine Datei mit zeilenweise angeordneten Strings (siehe auch Dateitypen FILE und FILE OF), die durch Return, ASCII 13, ASCII 10 bzw. eine CRLF-Sequenz abgeschlossen sind.

VAR Variablenname: Word;
Integer-Typ (Wertebereich 0..65535, 2-Byte-Format ohne Vorzeichen).

2.1.3 Standard-Units von Turbo Pascal

USES Crt;
Die Unit *Crt* erweitert das DOS-Gerät Con und ermöglicht dem Benutzer die vollständige Kontrolle aller Ein- und Ausgaben. Wie alle Standard-Units ist auch *Crt* Bestandteil der Datei TURBO.TPL, die beim Systemstart automatisch geladen wird.

USES Dos;
Die Unit *Dos* stellt die Schnittstelle zum Betriebssystem dar. In dieser Unit sind alle DOS-bezogenen Sprachmittel zusammengefaßt.

USES Graph;
Die Unit *Graph* stellt ein Grafikpaket mit Konstanten, Typen, Variablen, Prozeduren und Funktionen bereit.

USES Crt; Graph3;
Die Unit *Graph3* umfaßt die Prozeduren und Funktionen der Normal-
und Turtle-Grafik von Turbo Pascal 3.0.

USES Printer;
Die Unit *Printer* unterstützt die Druckausgabe; sie vereinbart eine
Textdateivariable Lst und ordnet sie der Geräteeinheit Lpt1 zu.

USES Overlay;
Die *Unit Overlay* stellt Funktionen, Prozeduren und Konstanten zur Over-
lay-Verwaltung (ab 5.0) bereit. Unter Overlays versteht man Programme,
die zu verschiedenen Zeitpunkten den gleichen Bereich im RAM belegen.
Statusvariable OvrResult, Routinen OvrInit, OvrInitEMS, OvrSetBuf, OvrGetBuf und
OvrClearBuf und OvrResult-Konstanten ovrOk, ovrError, ovrNotFound,
ovrNoMemory, ovrIOError, ovrNoEMSDriver, ovrNoEMSMemory.

System
Sämtliche Standardprozeduren und Standardfunktionen sind in der Unit
System vereinbart. Diese Unit wird automatisch als äußerster Block in das
Programm aufgenommen. Eine Anweisung wie "USES *System*" ist weder
erforderlich noch zulässig.

USES Turbo3;
In dieser Unit sind Routinen zusammengefaßt, die die Abwärtskompatibi-
lität von Pascal 5.5, 5.0 und 4.0 zu Pascal 3.0 herstellen.

2.1.4 Compiler-Befehle

{$B+}, {$B-}: Boolesche Ausdrücke auswerten (ab 4.0).
Die Code-Erzeugung bei der Auswertung zusammengesetzter Ausdrücke
mittels AND und OR kontrollieren. {$B+} zur Komplettauswertung logi-
scher Ausdrücke. {$B-} zum Kurzschlußverfahren.
Menübefehl: Options/Compiler/Boolean evalutation

{$D+}, {$D-}: Zusatzinformation zur Fehlersuche erzeugen (ab 4.0).
Beim Compilieren einer Unit wird die Information in der TPU-Datei ab-
gelegt. Beim Compilieren eines Programms wird die Information im RAM
(Compile to Memory) bzw. in einer TPM-Datei (Compile to EXE-File bei
gesetztem Schalter {$T+}) abgelegt. {$D+} als Voreinstellung.
Menübefehl: Options/Compiler/Debug Information

{$E+}, {$E-}: Emulator für mathematischen Coprozessor 8087 (ab 5.0).

Die Routinen festlegen, die zur Steuerung des Coprozessors in ein Programm einzubinden sind. Mit {$E+} als Voreinstellung wird der komplette Emulator aufgenommen.
Menübefehl: Options/Compiler/Emulation

{$F+}, {$F-}: FAR-Aufrufe erzwingen (ab 4.0).
Mit {$F-} werden Prozeduren und Funktionen als NEAR aufgerufen, sofern sie nicht im Interface-Teil einer Unit stehen. Mit {$F+} wird immer mit FAR-Aufrufen gearbeitet. Ab Version 5.0: Jedem mit Overlays arbeitenden Programm bzw. Unit sollte {$F+} vorangestellt sein.
{$F-} als Voreinstellung
Menübefehl: Options/Compiler/Force far calls

{$I Name}: Include-Datei einfügen.
Beispiel: Mit {$I Zins1.Pas} fügt der Compiler die Datei Zins1.PAS genau an die Stelle des Quelltextes ein, an der der Befehl {$I Zins1.PAS} steht.
Menübefehl: Options/Directories/Include directories

{$I+} oder {$I-}: I/O-Fehler automatisch prüfen.
Mit {$I+} liefert der Compiler nach jedem Ein-/Ausgabebefehl einen Prüfcode, um das Programm ggf. mit einer Fehlermeldung abzubrechen. Mit {$I-} übernimmt der Programmierer die Fehlerbehandlung (IOResult).
{$I+} als Voreinstellung.
Menübefehl: Options/Compiler/I/O checking

{$IF Bedingung}: Quelltext bedingt compilieren (ab 4.0).
Mit zwei Konstrukten können Teile des Quelltextes von der Compilierung ausgeschlossen bzw. in die Compilierung einbezogen werden (bedingte Compilierung): Den Quelltext Text1 nur dann compilieren, wenn die Bedingung Bed wahr ist:

```
{$IF Bed} Text1 {$ENDIF}
```

Entweder den Pascaltext Text1 oder Text2 compilieren.

```
{$IF Bed} Text1 {$ELSE} Text2 {$ENDIF}
```

Bedingte Compiler-Befehle:

{$DEFINE Symbolname}	*definiert das Symbol.*
{$ELSE}	*beginnt einen ELSE-Teil.*
{$ENDIF}	*beendet das letzte {$IF....}.*
{$IFDEF Symbolname}	*erfaßt definierten Text.*
{$IFNDEF Symbolname}	*erfaßt undefinierten Text.*
{$IFOPT Schalter}	*compiliert je nach Schalter.*
{$UNDEF Symbolname}	*löscht das Symbol.*

{$L Dateiname}: Objekt-Datei einbinden (ab 4.0).
Mit {$L Zins6.OBJ} nimmt der Linker die im Intel-Object-Format mit einem Assembler erzeugte Objekt-Datei Zins6.OBJ in das Programm auf.
Menübefehl: Options/Directories/Object directories

{$L+}, {$L-}: Lokale Symbole (ab 5.0).
In der Voreinstellung {$L+} berücksichtigt der Compiler neben den lokalen Variablen, Konstanten und Datentypen des jeweiligen Modusl auch die im Unit-Implementationsteil deklarierten Namen.
Menübefehl: Options/Compiler/Local symbols

{$L+}, {$L-}: Link-Puffer bereitstellen (nur 4.0).
Mit {$L+} werden die beim Linken erzeugten temporären Tabellen und Daten im RAM zwischengespeichert. Mit {$L-} wird auf der Diskette zwischengespeichert. Bei der Version 5.0 wird diese Aufgabe durch den Parameter /L (Linker-Option) übernommen. {$L+} als Voreinstellung.
Menübefehl: Options/Compiler/Link buffer

{$M S,Hmin,Hmax}: Größe von Stack und Heap einstellen (ab 4.0).
Mit S (Stack size) Platz für den Stack reservieren (zwischen 1024 und 65520). Mit Hmin (Low Heap Limit) und Hmax (High Heap Limit) einstellen, wieviel Platz minimal bzw. maximal für den Heap belegt werden soll. {$M 16384, 0, 655360} als Voreinstellung.
Menübefehl: Options/Compiler/Memory sizes

{$N+}, {$N-}: Numerische Datentypen bereitstellen (ab 4.0).
Mit {$N+} werden durch Ansteuerung eines Coprozessors die zusätzlichen Real-Typen Single, Double, Extended und Comp bereitgestellt. Mit {$N-} steht nur der Datentyp Real zur Verfügung. Ab Version 5.0 der Befehl auch ohne Coprozessor möglich (falls {$E+}). {$N-} als Voreinstellung.
Menübefehl: Options/Compiler/Numeric processing

{$O+}, {$O-}: Overlay-Prüfung vornehmen (ab 5.0).
Mit der Einstellung {$O+} macht der Compiler Units Overlay-fähig und prüft (und speichert) die Übergabe von String- und set-Konstanten.
Menübefehl: Options/Compiler/Overlays allowed

{$O Unitname}: Overlay-Deklarationen durchführen (ab 5.0).
Mit der Vereinbarung eines Overlays wird der Linker angewiesen, den Code nicht in das Programm, sondern in eine OVR-Datei zu speichern. Der *Unitname* muß mit USES benannt und mit {$O+} compiliert sein.

{$R+}, {$R-}: Indexbereichsgrenzen überprüfen.
Mit {$R+} wird bei jeder Zuweisung an Array-, Set-, Aufzähl- und Unterbereichstypen die Gültigkeit geprüft und ggf. mit Laufzeitfehlerangabe unterbrochen. {$R-} erzeugt kein Prüfcode. {$R-} als Voreinstellung.
Menübefehl: Options/Compiler/Range Checking

{$S+}, {$S-}: Stack-Speicherplatz überprüfen (ab 4.0).
Mit {$S+} wird vor jedem Unterprogrammaufruf geprüft, ob genügend
Platz auf dem Stack vorhanden ist. Mit {$S-} wird ohne Prüfung auf den
Stack zugegriffen. {$S+} als Voreinstellung.
Menübefehl: Options/Compiler/Stack checking

{$T+}, {$T-}: TPM-Datei erzeugen (nur 4.0).
Mit {$T+} wird beim Compilieren eine TPM-Datei erzeugt, die später
über das Programm TPMAP.EXE gelesen werden kann, um eine MAP-
Datei bereitzustellen (wenn {$D+}). {$T-} als Voreinstellung.
Menübefehl: Options/Compiler/Turbo pascal map file

{$U Dateiname}: Unit-Dateiname angeben (nur 4.0).
Mit diesem Befehl können Units auch dann verwendet werden, wenn der
Unitname und der Name der Unit-Datei nicht übereinstimmen. Der {$U}-
Befehl muß der entsprechenden USES-Anweisung vorangehen.
Menübefehl: Options/Directories/Unit directories

{$V+}, {$V-}: Stringlänge überprüfen.
Mit {$V+} wird beim Prozeduraufruf die Stringlänge der aktuellen Para-
meter mit der Länge der formalen Parameter verglichen; ggf. Fehler melden (strict). Mit {$V-} muß die Länge der als VAR-Parameter übergebe-
nen Strings nicht gleich sein (relaxed). {$V+} als Voreinstellung
Menübefehl: Options/Compiler/Var-string checking

Strg-F7: Aktive Befehle einfügen (nur 4.0).
Mit Strg-F7 alle über Menübefehle aktivierten Schalter und Parameter an
die Stelle des Cursors in den Quelltext einfügen. {$R+, S+, I+, D+, T+, F-,
V+, B-, N+, L+, M 16384, 0, 655360} als Voreinstellung. Strg-OO für 5.5.

2.2 Anweisungen

BEGIN Anweisung(en) END;
Klammerung zusammengehörender Anweisungen zu einem Block als An-
weisungseinheit. Ein Block (Verbund) wird als Anweisung behandelt.

CASE SkalarAusdruck OF
  Wert1: Anweisung1;
  Wert2: Anweisung2;
  ...
  [ELSE Anweisung]
END (*von CASE*);
Eine mehrseitige Auswahlstruktur kontrollieren: Die Anweisung ausfüh-
ren, deren Wert mit dem Inhalt des Ausdruckes übereinstimmt.

Exit;
Den aktuellen Block verlassen (z.B. Schleife, Prozedur)

FOR Zähler := Anf TO/DOWNTO Ende DO Anweisung;
Eine Zählerschleife kontrollieren: Block) hinter DO wiederholen.

GOTO Marke;
Programmausführung ab angegebener Marke (Sprungmarke) fortsetzen.

Halt [(Fehlercode)];
Die Programmausführung beenden und zur MS-DOS-Ebene zurückkehren;
dabei wahlweise einen Fehlercode übergeben.
PROCEDURE Halt[(VAR Fehl: Word)]

IF BooleanAusdruck THEN Anweisung
              [ELSE Anweisung];
Eine einseitige Auswahlstruktur (ohne ELSE-Teil) bzw. eine zweiseitige
Auswahlstruktur (mit ELSE-Teil) kontrollieren.

INLINE(Maschinencode);
Kurze Befehlsfolgen in Maschinencode direkt in den Quelltext einfügen.

REPEAT Anweisung UNTIL BooleanAusdruck;
Nicht-abweisende Schleife als Wiederholungsstruktur kontrollieren.

USES UnitName1 [,UnitName2];
Eine oder mehrere Units in einem Programm benutzen. Wird keine USES-
Anweisung angegeben, so wird nur die Unit System in das Programm ein-
gebunden. Benutzt eine Unit andere Units, so ist sie nach diesen Units
anzugeben (Beispiel: USES Crt, Turbo3).

WHILE BooleanAusdruck DO Anweisung;
Eine abweisende Wiederholungsstruktur kontrollieren: Die Anweisung ausführen, solange die Auswertung des Booleschen Ausdrucks True ergibt.

x := Ausdruck;
Zuweisungsanweisung durch den ":="-Operator in zwei Schritten ausführen: Den Wert des rechts von ":=" angegebenen Ausdruck ermitteln und
diesen Wert in der links von ":=" angegebenen Variablen abspeichern.

{ Kommentar }
Kommentar als Zeichenkette, die mit "{" beginnt und mit "}" endet, ist
eine "Anweisung", die vom Compiler übergangen wird. (* *) als Ersatz-
darstellung für { } verwenden. {Kommentierung so ...} (*oder aber so... *)

2.3 Vordefinierte Prozeduren und Funktionen

x := Abs(IntegerAusdruck / RealAusdruck);
Den Absolutwert (Betrag) des Ausdrucks bilden.
FUNCTION Abs(r: Real): Real;
FUNCTION Abs(i: Integer): Integer;

x := Addr(Ausdruck);
Die absolute Adresse der im Ausdruck genannten Variablen, Funktion
bzw. Prozedur angeben. Adresse als Integer-Wert (8-Bit-PC) oder als 32-
Bit-Zeiger auf das Segment und den Offset (16-Bit-PC) angeben.
FUNCTION Addr(VAR Variable): Pointer;

Append(Dateivariable);
Den Dateizeiger hinter den letzten Datensatz positionieren.
PROCEDURE Append(VAR f: Text);

r := ArcTan(IntegerAusdruck oder RealAusdruck);
Winkelfunktion Arcus Tangens.
FUNCTION ArcTan(r:Real): Real;
FUNCTION ArcTan(i:Integer): Integer;

Assign(Dateivariable,'Laufwerk:Diskettendateiname');
Die Verbindung zwischen dem physischen Namen einer Datei auf Disket-
te und dem logischen Dateinamen im Programm herstellen.
PROCEDURE Assign(VAR f: File; Dateiname: String);

BlockRead(Dateivariable,Puffer,Blockanzahl[,Meldung]);
Beliebige Anzahl von Blöcken aus der nicht-typisierten Dateivariablen in
einen internen Pufferspeicher lesen. Dateivariable vom FILE-Typ.
BlockRead(VAR f:File; VAR Puffer:Type; n/,m/:Word);

BlockWrite(Dateivariable,Puffer,Blockanzahl [,Meldung]);
Einen Block zu 128 Bytes aus dem Puffer im RAM auf eine nicht-typi-
sierte Datei speichern.
BlockWrite(VAR f:File; VAR Puffer:Type; n/,m/:Word);

BufLen := AnzahlZeichen;
Maximalanzahl von Zeichen festlegen, die bei der nächsten Benutzerein-
gabe angenommen wird. Nach jeder Eingabe wird wieder BufLen:=127.
CONST BufLen: Integer = 127;

ChDir(Pfadname);
Vom aktuellen in das genannte Unterverzeichnis wechseln.
PROCEDURE ChDir(VAR Pfadname: String);

c := Chr(ASCII-Codenummer);
Für eine Nummer (0 bis 255, Integer) das Zeichen (Char-Typ) angeben.
FUNCTION Chr(I: Integer): Char;

Close(Dateivariable);
Eine durch die Dateivariable benannte Diskettendatei schließen.
PROCEDURE Close(VAR f:File);

ClrEol;
Daten von der Cursorposition bis zum Zeilenende löschen.
PROCEDURE ClrEol;

ClrScr;
Den Bildschirm löschen und Cursor nach oben links positionieren.
PROCEDURE ClrScr;

s := Concat(s1[,s2...]);
Strings s1+s2+s3+... zum Gesamtstring s verketten.
FUNCTION Concat(s1,s2,....,sn: String): String;

s := Copy(s0,p,n);
Aus String s0 ab Position p genau n Zeichen entnehmen und den Teil-
string (bzw. " als Leerstring) zurückgeben.
FUNCTION Copy(s:String; Position,Laenge:Integer): String;

r := Cos(RealAusdruck / Integer-Ausdruck);
Den Cosinus im Bogenmaß für den Ausdruck angeben.
FUNCTION Cos(r:Real): Real;
FUNCTION Cos(i:Integer): Real;

i1 := CSeg; i2 := DSeg; i3 := SSeg;
Basisadresse des Code-, Daten- bzw. Stacksegments zurückgeben.
FUNCTION CSeg: Word;
FUNCTION DSeg: Word;
FUNCTION SSeg: Word;

Dec(x,[,n]);
x als Variable ordinalen Typs um die Anzahl n bzw. 1 erniedrigen.
PROCEDURE Dec(VAR x:Ordinaltyp; i:Integer);

Delay(Millisekunden);
Eine Warteschleife erzeugen.
PROCEDURE Delay(Millisekunden: Word);

Delete(s,p,n);
Aus Stringvariable s ab Position p genau n=1-255 Zeichen löschen.
PROCEDURE Delete(VAR s:String; p,n:Integer)

DelLine;
Die Zeile löschen, in der der Cursor gerade steht.
PROCEDURE DelLine;

i := DiskFree(LaufwerkNr);
Freien Speicherplatz für ein Laufwerk angeben. 0=aktiv, 1=A:, 2=B:,...
FUNCTION DiskFree(LaufwerkNr:Word): LongInt;

i := DiskSize(LaufwerkNr);
Kapazität eines Laufwerks angeben. 0=aktiv, 1=A:, 2=B:, ..., -1=ungültig.
FUNCTION DiskSize(LaufwerkNr:Word): LongInt;

Dispose(Zeigervariable);
Auf dem Heap für eine Zeigervariable reservierten Speicher freigeben.
PROCEDURE Dispose(VAR p: Pointer);

w := DosVersion;
Versionsnummer von DOS liefern (ab 5.0).
FUNCTION DosVersion: Word;

i := DSeg;
Adresse des Datensegments angeben. Siehe CSeg.
FUNCTION DSeg: Word;

i := EnvCount;
Die Anzahl von Einträgen der Tabelle *Environment* liefern, die jedem
DOS-Programm vorangestellt ist, um mit *EnvStr* zuzugreifen.
FUNCTION EnvCount: Integer;

String := EnvStr(Eintragsnummer);
Eintrag in der Tabelle Environment als String *Name=Text* zurückgeben.
FUNKTION EnvStr(Indexnummer:Integer): String;

b := EoF(Dateivariable);
True liefern, sobald der Dateizeiger auf das Ende der Datei zeigt.
FUNCTION EoF(VAR f: File): Boolean;

b := EoLn(Textdateivariable);
True liefern, sobald der Dateizeiger auf das Zeilenende einer Textdatei
bewegt wird. Ist EoF True, wird auch EoLn auf True gesetzt.
FUNCTION EoLn(VAR f:Text): Boolean;

Erase(Dateivariable);
Eine zuvor mittels Close geschlossene Datei von Diskette entfernen.
PROCEDURE Erase(VAR f:File);

Exec(Pfad,Parameter);
Ein Programm von einem anderen Programm her starten und ausführen.
PROCEDURE Exec(Pfad,Parameter: String);

Execute(Dateivariable);
Von einem laufenden Programm aus ein anderes Programm aufrufen.
PROCEDURE Execute(VAR f: File);

r := Exp(RealAusdruck);
Den Exponenten "e hoch ..." angeben (siehe Funktion Ln).
FUNCTION Exp(r: Real): Real;

Pfad := FExpand(Dateiname);
Den Dateinamen um den Suchpfad erweitern.
FUNCTION FExpand(Pfad:PathStr): PathStr;

i := FilePos(Dateivariable);
Nummer (ab 0) des Datensatzes zeigen, auf den der Dateizeiger weist.
FUNCTION FilePos(VAR f: File): LongInt;

i := FileSize(Dateivariable);
Die Anzahl bzw. 0 der Datensätze einer Direktzugriffdatei angeben.
FUNCTION FileSize(VAR f:File): LongInt;

FillChar(Zielvariable, AnzahlZeichen, Zeichen);
Einer Zielvariablen bestimmte Zeichen zuordnen.
PROCEDURE FillChar(VAR Ziel,n: Word, Daten: Byte);
PROCEDURE FillChar(VAR Ziel,n: Word, Daten: Char);

Flush(Dateivariable);
Den Inhalt des im RAM befindlichen Dateipuffers extern speichern.
PROCEDURE Flush(VAR f:Text)

r := Frac(IntegerAusdruck / RealAusdruck);
Den Nachkommateil des Ausdrucks angeben.
FUNCTION Frac(i:Integer): Real;
FUNCTION Frac(r:Real): Real;

FreeMem;
Den über Prozedur *GetMem* reservierten Heap-Speicherplatz freigeben.
PROCEDURE FreeMem(VAR p:Pointer; Bytes:Word);

FreeMin ...;
Minimalgröße des freien Speicherbereichs zwischen HeapPtr und FreeList
für die Fragmentliste einstellen.

FreePtr ...;
Obergrenze des freien Speicherplatzes auf dem Heap anzeigen (dazu ist
$1000 zum Offset von FreePtr zu addieren).
VAR FreePtr: ^FreeList;

Pfadstring := FSearch(Dateibezeichnung,Directoryliste);
Eine Liste von Directories nach einem Dateieintrag absuchen und einen
Nullstring oder den kompletten Suchweg zurückgeben.
PROCEDURE FSearch(Pfad:PathStr;DirList:String);

FSplit(Dateibezeichnung,Pfad, Name,Dateityp);
Dateibezeichnung in Komponenten Pfad, Name und Dateityp zerlegen.
PROCEDURE FSplit(Pfad:PathStr; VAR Dir:DirStr;
                 VAR Name:NameStr; VAR Ext:ExtStr;

GetCBreak(Break);
Die als *Break* übergebene Variable (über DOS-Funktion $33) auf True
setzen, falls DOS nur bei Ein-/Ausgaben auf Ctrl-Break prüft (ab 5.0).
PROCEDURE GetCBreak(VAR Break: Boolean);

GetDir(Laufwerknummer,Pfadvariable);
Das aktuelle Laufwerk bzw. Directory in der Pfadvariablen bereitstellen.
PROCEDURE GetDir(Laufwerk:Integer; VAR Pfad:String)

Tabelleneintrag := GetEnv(EintragAlsString);
Einen Eintrag aus der Tabelle *Environment* lesen (ab 5.0).
FUNCTION GetEnv(Eintrag: String);

GetMem(Zeigervariable, AnzahlBytes);
Auf dem Heap eine exakt genannte Anzahl von Bytes reservieren.
PROCEDURE GetMem(VAR p:Pointer; Bytes:Word);

GetVerify(v);
Das DOS-Flag Verify (Für True überprüft DOS geschriebene Disketten-
sektoren automatisch) in die genannte Variable kopieren.
PROCEDURE GetVerify(VAR Verify: Boolean);

GotoXY(Rechts,Runter);
Den Text-Cursor am Bildschirm nach Spalte 1-80 (nach rechts) und Zeile
1-25 (nach unten) relativ zum aktiven Textfenster positionieren.
PROCEDURE GotoXY(x,y: Byte);

HeapError ...;
Diese Variable zeigt auf die Standard-Fehlerbehandlung, oder sie führt
einen Aufruf über HeapError aus.

HeapOrg ...;
Die Startadresse des Heaps, der in Richtung aufsteigender Speicher-
adressen wächst, bereitstellen (Heap Origin).

HeapPtr ...;
Die Position des Heapzeigers bereitstellen. HeapPtr als ein typloser und zu
allen Zeigertypen kompatibler Zeiger. Der Offset von HeapPtr liegt zwischen \$0000 und \$000F. Die Maximalgröße beträgt 65521 bzw. (\$10000
minus \$000F). Beispiel: Bei Programmstart wird HeapPtr auf HeapOrg als
unterste Heap-Adresse gesetzt. Durch New(p3) erhält p3 den Wert von
HeapPtr. Nun wird HeapPtr um die Größe des Datentyps, auf den p3
zeigt, erhöht.

i := Hi(IntegerAusdruck / WordAusdruck);
Das höherwertige Byte (Highbyte) des Ausdrucks als niederwertiges Er-
gebnis-Byte (Lowbyte) bereitstellen (höherwertiges Ergebnisbyte ist Null).
FUNCTION Hi(i: Integer/Word): Byte;

Inc(x [,IntegerAusdruck]);
Den Wert der Variablen x um den angegebenen Wert erhöhen.
PROCEDURE Inc(VAR x:Ordinaltyp; i:Integer);

Input
Primäre Eingabedatei, die als vordefinierte Textdatei-Variable bei Read
bzw. ReadLn stets standardmäßig angenommen wird.

Insert(s0,s1,p);
String s0 in die Stringvariable s1 ab der Position p einfügen.
PROCEDURE Insert(s0:String; VAR s1:String; p:Integer);

InsLine;
Leerzeile vor der aktuellen Cursorposition einfügen.
PROCEDURE InsLine;

r := Int(IntegerAusdruck oder RealAusdruck);
Den ganzzahligen Teil eines Ausdrucks als Real-Zahl angeben. Siehe Frac.
FUNCTION Int(i:Integer):Real oder Int(r:Real):Real;

Intr(InterruptNummer,Reg);
Software-Interrupt ausführen, InterruptNummer 0-255. In Dos definiert:
```
    TYPE Registers = RECORD;
      CASE Integer OF
        0: (AX,BX,CX,DX,BP,SI,DS,ES,Flags:Word);
        1: (AL,AH,BL,BH,CL,CH,DL,DH:Byte)
      END;
```

i := IOResult;
Fehlercodes in I/O-Variable DosError bereitstellen, wenn zuvor die I/O-
Fehlerkontrolle ausgeschachtelt worden ist.
FUNCTION IOResult: Integer;

Keep(c);
Die Programmausführung beenden und c an MS-DOS-Ebene übergeben.
PROCEDURE Keep(AusgangsCode: Word);

b := KeyPressed;
True liefern, wenn ein Zeichen im Tastaturpuffer darauf wartet, gelesen
zu werden. In Unit Crt.*FUNCTION KeyPressed: Boolean;*

i := Length(s);
Aktuelle Länge der Stringvariablen s angeben.
FUNCTION Length(s: String): Integer;

r := Ln(IntegerAusdruck / RealAusdruck);
Den natürlichen Logarithmus zum Ausdruck angeben.
FUNCTION Ln(i: Integer): Real;
FUNCTION Ln(r: Real): Real;

i := Lo(IntegerAusdruck);
Das niederwertige Byte (Lowbyte) des Ausdrucks bereitstellen. Siehe Hi.
FUNCTION Lo(i: Integer): Integer;

LowVideo;
Bildschirm auf normale Helligkeit einstellen.
PROCEDURE LowVideo;

Mark(Zeigervariable);
Wert des Heapzeigers einer Zeigervariablen zuweisen, um z.B. über Release alle dynamischen Variablen oberhalb dieser Adresse zu entfernen.
PROCEDURE Mark(VAR p:Pointer);

i := MaxAvail;
Umfang des größten zusammenhängenden freien Platzes auf Heap nennen.
FUNCTION MaxAvail: LongInt;

WriteLn(MaxInt);
Den größten Integer-Wert mit 32767 bereitstellen.
CONST MaxInt: Integer = 32767;

WriteLn(MaxLongInt);
Den größten LongInt-Wert mit 2147483647 bereitstellen.
CONST MaxLongInt: LongInt = 2147483647;

Wert := Mem[Segmentadresse:Offsetadresse];
Über den vordefinierten Speicher-Array Mem, dessen Indizes Adressen sind, eine Speicherstelle erreichen. Indizes als Ausdrücke vom Word-Typ, wobei Segment und Offset durch ":" getrennt werden.
VAR Mem: ARRAY OF Byte;
VAR MemL: ARRAY OF LongInt;
VAR MemW: ARRAY OF Word;

i := MemAvail;
Die Anzahl der freien Bytes auf dem Heap angeben. Das Ergebnis von MemAvail setzt sich aus dem freien Platz über der Spitze des Heaps und den "Lücken im Heap" zusammen.
```
Write('Frei:',MemAvail,'und größter Block:',MaxAvail);
```
FUNCTION MemAvail: LongInt;

MkDir(Pfadname);
Unterverzeichnis mit dem angegebenen Namen anlegen.
PROCEDURE MkDir(VAR Pfadname: String);

Move(QuellVariablenname, ZielVariablenname, Bytes);
Bytes von einer Variablen in eine andere Variable übertragen.
PROCEDURE Move(VAR Quelle,Ziel:Type; Bytes:Word);

New(Zeigervariable)
Für eine Variable vom Zeigertyp auf dem Heap Speicherplatz reservieren.
PROCEDURE New(VAR p: Pointer);

Zeigervariable := NIL;
Einer Zeigervariable die vordefinierte Konstante NIL zuweisen.

NoSound;
Den Lautsprecher wieder abschalten (siehe Sound).
PROCEDURE NoSound;

b := Odd(IntegerAusdruck);
True ausgeben, wenn Ausdruck eine ungerade Zahl ist.
FUNCTION Odd(i: LongInt): Boolean;

i := Ofs(Ausdruck);
Offsetwert der Adresse einer Variablen, Prozedur oder Funktion nennen.
FUNCTION Ofs(Name): Word;

i := Ord(SkalarAusdruck);
Skalar- bzw. Ordinalwert eines ASCII-Zeichens angeben.
FUNCTION Ord(x: Skalar): LongInt;

Output
Primäre Ausgabedatei für Write, WriteLn (siehe Input).

OvrClearBuf;
Overlay-Units im RAM löschen, d.h. den Overlay-Puffer löschen. Ab 5.0.
PROCEDURE OvrClearBuf;

i := OvrGetBuf;
Die aktuelle Größe des Overlay-Puffers in Bytes angeben. Ab 5.0.
FUNCTION OvrGetBuf: LongInt;

OvrInit('Overlaydateiname');
OVR-Datei, in der Overlay-Units des Programms abgelegt sind, öffnen.
PROCEDURE OvrInit(OVR-Dateiname: String);

OvrInitEMS;
Die Overlay-Datei des Programms in eine EMS-Karte kopieren. Ab 5.0.
PROCEDURE OvrInitEMS;

OvrSetBuf;
Die Größe des Overlay-Puffers in Bytes festlegen. Ab 5.0.
PROCEDURE OvrSetBuf;

i := ParamCount;
Die Anzahl der Parameter zurückgeben, die beim Aufruf des jeweiligen
Programmes hinter dem Programmnamen angegeben wurden.
FUNCTION ParamCount: Word;

s := ParamStr(ParameterNummer);
Den der eingegebenen Nummer entsprechenden Parameter angeben.
FUNCTION ParamStr(Nr: Word): String;

r := Pi;
Den Wert von Pi als 3.1415926535897932835 liefern.
FUNCTION Pi: Real;

Port[Adresse] := Wert ... b := Port[Adresse];
Den Datenport ansprechen, auf Ein-/Ausgabeadressen direkt zugreifen.
VAR Port: Array Of Byte;

PortW[Adresse] := Wert;
Variable, um einen Wert in einen Port schreiben bzw. ausgeben.
VAR PortW: Array Of Word;

i := Pos(s0,s1);
Anfangsposition von Suchstring s0 in String s1 angeben.
FUNCTION Pos(s0,s1: String): Byte;

x := Pred(OrdinalerAusdruck);
Den Vorgänger (Predecessor) des Ausdruckes. Siehe Succ.
FUNCTION Pred(x:Ordinal): OrdinalWieArgument;

WriteLn(PrefixSeg);
Die Segment-Adresse des PSP (Programmsegment-Präfix) bereitstellen.
VAR PrefixSeg: Word;

p := Ptr(Segment,Offset);
Die Angaben für Segment und Offset in einen Zeiger umwandeln, der auf
die durch (Segment:Offset) gebildete Adresse zeigt.
FUNCTION Ptr(Segment,Offset:Word): Pointer;

r := Random;
Real-Zufallszahl zwischen 0 (einschl.) und 1 (ausschließlich) erzeugen.
FUNCTION Random: Real;

i := Random(ObereGrenze);
Eine ganzzahlige Zufallszahl zwischen Null (einschließlich) und der
genannten Grenze (ausschließlich) erzeugen.
FUNCTION Random(Grenze: Word): Integer;

Randomize;
Zufallszahlengenerator unter Verwendung von Systemdatum/-zeit setzen.
PROCEDURE Randomize;

Read(Dateivariable,Datensatzvariable);
Auf eine Datei mit konstanter Datensatzlänge lesend in zwei Schritten zugreifen: 1. Datensatz von der Diskettendatei in den RAM einlesen und in
der Datensatzvariablen ablegen. 2. Dateizeiger um eine Position erhöhen.
Read(Dateivariable,Var1,Var2,...);

Auf eine Datei mit variabler Datensatzlänge lesend in zwei Schritten zugreifen: 1. Nächste Einträge in Variablen Var1, Var2, ... einlesen. 2. Dateizeiger um entsprechende Anzahl erhöhen.
PROCEDURE Read(VAR f: File Of Type; VAR v: Type);

Read(Variable1 [,Variable2,...]);
Wie ReadLn (unten), aber ohne CR+LF am Ende (Cursor bleibt stehen).

c := ReadKey;
Ein Zeichen über Eingabedatei ohne Return und Echo entgegennehmen.
FUNCTION ReadKey: Char;

ReadLn(Variable1 [,Variable2,...]);
Daten von der Tastatur in drei Schritten eingeben: 1. Auf die Tastaturein-
gabe des Benutzer warten. 2. Eingabedaten (Leerzeichen trennt die Daten)
in die genannten Variablen zuweisen. 3. CR+LF senden.
PROCEDURE ReadLn(v1,v2,...,vn: Type);
PROCEDURE ReadLn(VAR f:Text; v1,v2,...,vn: Type);

Release(Zeigervariable);
Heapzeiger auf die Adresse setzen, die die angegebene Zeigervariable ent-
hält, um alle dynamischen Variablen über dieser Adresse freizugeben.
PROCEDURE Release(VAR p: Pointer);

Rename(DateivariableAlt,DateivariableNeu)
Den Namen der Dateivariablen der mit Assign zugeordneten Datei ändern.
PROCEDURE Rename(VAR f: File; Dateiname: String);

Reset(Dateivariable [,BlockGroesse]);
Eine mit Assign zugeordnete Datei in zwei Schritten öffnen: 1. Geöffnete
Datei schließen. 2. Dateizeiger auf die Anfangsposition 0 stellen.
PROCEDURE Reset(VAR f: File; BlockGroesse:Word);

Rewrite(Dateivariable [,BlockGroesse]);
Eine mit Assign zugeordnete Datei in zwei Schritten öffnen, um eine
neue Datei anzulegen bzw. zu erzeugen: 1. Gegebenenfalls geöffnete Datei
löschen und schließen. 2. Dateizeiger auf die Anfangsposition 0 stellen.
PROCEDURE Rewrite(VAR f: File; BlockGroesse:Word);

RmDir(Pfadname);
Genanntes (leeres) Unterverzeichnis löschen. Wie zu DOS-Befehl RD.
PROCEDURE RmDir(VAR Pfadname: String);

i := Round(RealAusdruck);
Den Ausdruck ganzzahlig bzw. kaufmännisch ab-/aufrunden.
FUNCTION Round(r:Real): LongInt;

RunError;
Einen Laufzeitfehler erzeugen und das Programm abbrechen lassen.
PROCEDURE RunError [(ErrorCode: Word)];

Seek(Dateivariable,Datensatznummer);
Den Dateizeiger auf den durch die Datensatznummer bezeichneten Daten-
satz positionieren (erster Datensatz mit Datensatznummer 0).
PROCEDURE Seek(VAR f:File of Type; Position:LongInt);
PROCEDURE Seek(VAR f:File; Position:LongInt);

b := SeekEoF(Textdateivariable);
True, sobald der Dateizeiger auf das Ende der Textdatei zeigt.
FUNCTION SeekEoF(VAR f: Text): Boolean;

b:= SeekEoLn(Textdateivariable);
True, sobald das Zeilenende (!1310, $0D0A, CRLF) erreicht ist.
FUNCTION SeekEoLn(VAR f: Text): Boolean;

i := Seg(Ausdruck);
Den Segmentwert der Adresse einer Variablen, Prozedur oder Funktion
im RAM angeben (siehe Ofs für den Offsetwert einer Adresse.
FUNCTION Seg(VAR: Name): Word;

SetCBreak(BreakPrüfenOderNicht);
Das Break-Flag von Dos auf den mit *Break* angegebenen Wert setzen,
damit MS-DOS auf Ctrl-Break prüft (vgl. *GetCBreak*). Ab 5.0.
PROCEDURE SetCBreak(Break:Boolean);

SetIntVec(VektorNummer,Vektor);
Einen Interrupt-Vektor auf eine Adresse setzen (siehe GetIntVec).
PROCEDURE SetIntVec(VNr:Byte; VAR v:Pointer);

SetTextBuf(Textdateivariable,Puffer[,Block]);
Für eine Textdatei einen Puffer (Standard ist 128 Bytes) zuordnen.
PROCEDURE SetTextBuf(VAR f:Text;VAR Puffer:Type; /Block:Word/)

SetVerify(v);
Das Verify-Flag von MS-DOS setzen (siehe GetVerify). Ab 5.0.
PROCEDURE SetVerify(Verify: Boolean);

r := Sin(IntegerAusdruck / RealAusdruck);
Für einen Ausdruck den Sinus im Bogenmaß angeben.
FUNCTION Sin(i: Integer): Real;
FUNCTION Sin(r: Real): Real;

i := SizeOf(Variable / Typ);
Anzahl der durch die Variable im RAM belegten Bytes angeben.
FUNCTION SizeOf(VAR Variablenname): Word;
FUNCTION SizeOf(Datentypname): Word;

Sound(FrequenzInHertz);
Einen Ton in der angegebenen Frequenz so lange ausgeben, bis NoSound.
PROCEDURE Sound(Frequenz: Word);

w = SPtr;
Wert des Stackzeigers (SP-Register) als Offset der Stackspitze angeben.
FUNCTION SPtr: Word;

x := Sqr(IntegerAusdruck / Real-Ausdruck);
Das Quadrat des Ausdrucks angeben.
FUNCTION Sqr(i: Integer): Integer ;
FUNCTION Sqr(r: Real): Real;

r := Sqrt(RealAusdruck);
Den Ausdruck quadrieren.
FUNCTION Sqrt(r:Real): Real;

w := SSeg;
Adresse des Stack-Segments als Inhalt des Prozessor-Registers SS angeben.
FUNCTION SSeg: Word;

Str(x,s);
Den numerischen Wert von x als String in der Variablen s abspeichern.
PROCEDURE Str(i: Integer; VAR Zeichenkette: String);
PROCEDURE Str(r: Real; VAR Zeichenkette: String);

x := Succ(SkalarAusdruck);
Nachfolger (Successor) des Ergebnisses angeben (siehe Pred).
FUNCTION Succ(x:Skalar): Skalar;

Swap(IntegerAusdruck / WordAusdruck);
Nieder- und höherwertige Bytes des Ausdrucks austauschen.
FUNCTION Swap(i: Integer): Integer;
FUNCTION Swap(w: Word): Word;

SwapVectors;
Die derzeit belegten Interrupt-Vektoren $00 - $75 und $34 - $3E mit den
Werten der globalen Variablen SaveInt00 - SaveInt75 und SaveInt34 -
SaveInt3E der Unit *System* austauschen.
PROCEDURE SwapVectors;

TextBackground(FarbNummer);
Texthintergrundfarbe in einer der dunklen Farben 0-7 festlegen.
PROCEDURE TextBackground(Farbe: Byte);

TextColor(Farbe);
Eine von 16 Farben 0-15 (siehe Unit Crt) für die Textzeichen einstellen.
PROCEDURE TextColor(Farbe: Integer);

TextMode(BildschirmModus);
Einen Textmodus einstellen (BW40, BW80, C40, C80, Mono und Last).
PROCEDURE TextMode(Modus: Word);

i := Trunc(RealAusdruck);
Den ganzzahligen Teil angeben.
FUNCTION Trunc(r:Real): LongInt;

Truncate(Dateivariable);
Eine Datei an der aktuellen Position des Dateizeigers abschneiden.
PROCEDURE Truncate(f: File);

c := UpCase(Zeichen);
Das angegebene Zeichen in Großschreibung umwandeln.
FUNCTION UpCase(c: Char): Char;

Val(s,x,i);
Einen String s in einen numerischen Wert x umwandeln.
PROCEDURE Val(s:String; VAR i,Err:Integer);
PROCEDURE Val(s:String; VAR r:Real; VAR Err:Integer);

SpaltenNr := WhereX;
Relativ zum aktiven Fenster die Spaltennummer des Cursors angeben.
FUNCTION WhereX: Byte;

ZeilenNr := WhereY;
Relativ zum aktiven Fenster die Zeilennummer des Cursors angeben.
FUNCTION WhereY: Byte;

Window(x1,y1, x2,y2);
Textfenster mit (x1,y1) für die linke obere und (x2,y2) für die rechte
untere Ecke einrichten und den Cursor in die Home-Position (1,1) setzen.
PROCEDURE Window(x1,y1,x2,y2: Byte);

Write(Dateivariable,Datensatzvariable);
Auf eine Datei mit konstanter Datensatzlänge schreibend in zwei Schritten
zugreifen: 1. Datensatz vom RAM auf die Diskettendatei schreiben. 2.
Dateizeiger um eine Position erhöhen.
PROCEDURE Write(VAR f:File OF Type; VAR v:Type);

Write(Dateivariable,Var1,Var2,...);
Auf eine Datei mit variabler Datensatzlänge schreibend in zwei Schritten
zugreifen: 1. Den Inhalt der Variablen Var1, Var2, ... als nächste Einträge
auf Diskette speichern. 2. Dateizeiger um die entspr. Anzahl erhöhen.
PROCEDURE Write(VAR f:File OF Type; VAR v:Type);

Write(Ausgabeliste);
Wie WriteLn, aber ohne Zeilenschaltung CRLF am Ende.
PROCEDURE Write(/VAR f:Text,/ b:Boolean);
PROCEDURE Write(/VAR f:Text,/ c:Char);
PROCEDURE Write(/VAR f:Text,/ i:Integer);
PROCEDURE Write(/VAR f:Text,/ r:Real);
PROCEDURE Write(/VAR f:Text,/ s:String);

WriteLn(Ausgabeliste);
Die in Ausgabeliste mit "," aufgezählten Daten am Bildschirm ausgeben.
PROCEDURE WriteLn(/VAR f:File,/ ... siehe Write ...);
PROCEDURE WriteLn;

WriteLn(Lst,DruckAusgabeliste);
Daten gemäß DruckAusgabeliste drucken (Lst aus Unit Printer).
PROCEDURE WriteLn(Lst, ... siehe Write ...);

3 Referenz zu dBASE

Drei Nutzungsformen von dBASE:
1. *Menü-Modus:* menügesteuert, Regie-Zentrum.
2. *Direkt-Modus:* interaktiv, befehlsgesteuert, "."-Promptzeichen.
3. *Programm-Modus:* programmgesteuert, Befehl *DO Programmname.*

Die Referenz bezieht sich auf die Nutzungsformen 2 und 3.

3.1 Grundlegende Definitionen

Datentypen für Feldvariablen (dateiabhängige Variablen): Typ *Zeichen* (Z, String), *Numerisch* (N, F), *Logisch* (L), *Datum* (D) oder *Memo.*

Datentypen für Speichervariablen: Möglich sind die Typen *Numerisch* (N, F), *Zeichen* (Z), *Logisch* (L) und *Datum* (D); MEMO-Typ nicht erlaubt.

Vereinbarung von einfachen Speichervariablen implizit:
Speichervariablen werden *implizit* mit der ersten Zuweisung vereinbart.

Vereinbarung von Arrays als strukturierten Speichervariablen explizit:
Eindimensionalen Array mUmsatz mit sieben Elementen vereinbaren, wobei DECLARE stets .F. als Anfangswerte für die Elemente vergibt:
```
DECLARE mUmsatz[7]
```
Zweidimensionalen 120-Elemente-Array mErgebnis mit 30 Zeilen und 4 Spalten als Tabelle vereinbaren:
```
DECLARE mErgebnis[30,4]
```
Zuweisung legt Datentypen der Elemente (können verschieden sein) fest:
```
mErgebnis[12,2] = 95500.50
```

Arithmetische Operatoren:
Operatoren +, -, *, /, ** (Potenzierung) und () (Einklammern). Anwendbar: auf Datentyp Numerisch (N, F). Rangfolge: von () (zuerst) bis + (zuletzt ausgeführt). Ergebnistyp: Numerisch.

Vergleichsoperatoren:
<, >, =, <> oder # (ungleich), <= und >=. Anwendbar: auf Datentypen Zeichen, Numerisch und Datum. Operanden müssen vom gleichen Typ sein. Ergebnistyp: Logisch, also .T. oder .F..

Stringoperatoren (Zeichenkettenoperatoren):
"+" als Verkettungsoperator: "Till"+"mann" ergibt "Tillmann". "$" als Substringoperator: "ill"$"Tillmann" ergibt .T. bzw. Wahr, da Teilstring "ill" in "Tillmann" enthalten ist. "-" als Verkettungsoperator: "Till "-"mann " ergibt "Tillmann   ". Ergebnistyp: wiederum Zeichen.

Logische Operatoren:
.AND. (logisch UND), .OR. (logisch ODER), .NOT. (Negation). Rangfolge: von .NOT. (zuerst ausgeführt) bis .AND. (zuletzt). Ergebnistyp: wiederum Logisch

Rangfolge der Operationen: Arithmetische Operationen (paarweise von links nach rechts), dann String-, Vergleichs- und logische Operationen.

Übersicht aller Dateitypen bis einschließlich dBASE IV:

$$$	Temporäre Datei
BAK	Sicherung: Programm-, Prozedur-, Datendatei
BAR	Waagrechter Menüpunkt (CREATE APPLICATION)
BCH	Batch Datei des Applikations-Generator
BIN	Maschinensprache-Datei bzw. Binärdatei
CAT	CATALOG-Datei
COM	Ausführbare Befehlsdatei, DBASE.COM
CPT	Datei mit Paßwort-Information (Kryptologie)
CRP	Paßwort-Informations-Datei durch PROTECT
CVT	Konvertierungsdatei für Mehrbenutzerbetrieb
DB	Konfigurationsdatei CONFIG.DB
DB2	Umbenannte ehemalige dBASE II-Datei
DBF	Datendatei von dBASE (CREATE, Database File)
DBO	Compilierte Befehls- und Prozedurdatei
DBT	Memodatei (Database Text)
DEF	Selektor-Definitions-Datei
DIF	Data-Interchange-Format (APPEND FROM)
DOC	Dokumentations-Datei des Applikations-Generators
EXE	Ausführbare Befehlsdatei (Executable File)
FIL	File-Listing-Datei (CREATE APPLICATION)
FMO	Compilierte FMT-Datei
FMT	Von SCR-Datei generierte Formatdatei
FR3	Umbenannte FRM-Datei von dBASE II PLUS
FRG	Von FRM-Datei generierte Reportformdatei
FRM	Reportformdatei (CREATE REPORT)
FRO	Compilierte FRG-Datei
FW2	Importierte oder exportierte Framework-Datei
GEN	Template-Datei
KEY	Makro-Bibliotheks-Datei
LB3	Umbenannte LBL-Datei von dBASE III PLUS
LBG	Von einer LBL-Datei generierte Label-Datei
LBL	Label-Datei (CREATE LABEL)
LBO	Compilierte Label-Datei
LOG	Von TRANSACTION mitgeschriebene Protokoll-Datei
MDX	Mehrfachindex-Datei (Multiple Index)
MEM	Datei mit Speichervariablen (MEMORY)

NDX	Einfache Indexdatei (Index File)
POP	Pop-Up-Menü (CREATE APPLICATION)
PR2	Druckertreiber-Datei
PRF	Druckerformat-Datei
PRG	Programm-, Prozedur-Datei (MODI COMM)
PRS	Programm SQL (Structured Query Language)
PRT	Druckausgabe-Datei
QBE	Query-Datei (Query By Example, CREATE QUERY))
QBO	Compilierte QBE-Datei
QRY	Query-Datei
SC3	Umbenannte SCR-Datei von dBASE III PLUS
SCR	Bildschirmmasken-Datei (Screen, CREATE SCREEN)
STR	Struktur-Datei (CREATE APPLICATION)
T44	Von SORT, INDEX genutzte temporäre Datei
TBK	Back-Up-Datei einer Memo-Datei
SYS	Konfigurationsdatei CONFIG.SYS unter MS-DOS
TXT	Textdatei im SDF-Format bzw. ASCII (Text File)
UPD	Update-Datei einer QBE-Datei
UPO	Compilierte UPD-Datei
VAL	Werte-Liste-Datei (CREATE APPLICATION)
VUE	Sicht-datei (View-Datei)
WIN	Fenster-Speicherungs-Datei (WINDOW)
WKS	Lotus 1-2-3-Datei (APPEND FROM, COPY TO)

Konfigurationsbefehle für CONFIG.DB ersetzen SET-Voreinstellungen:

```
BUCKET = KBytes        Speicherplatz für Format, PICTURE von 2 KB bis 31 KB
COMMAND = Befehl       Befehlsaufruf wie COMMAND=ASSIST oder COMMAND=DO ...
DO = Anzahl            Anzahl von DO-Schachtelungen angeben (Standard 20)
EEMS = ON/off          Extended/expanded Memory erreichen (erweiterter RAM)
EXPSIZE = Bytes        Pufferspeicher des Compilers für komplexe Ausdrücke
FASTCRT = OM/off       Schnee auf dem Bildschirm eliminieren
FILES=AnzahlOffenerDateien  Anzahl von 99 (Standard) auf 15 bis 99 festlegen
GETS = MaximalzahlVonGets    Anzahl von GETs im @-Befehl von 128 auf 35 bis 1023
INDEXBYTES = KBytes Puffer für Index im RAM von 2 KB (Default) bis 20 KB
PDRIVER = DruckertreiberName  Einen Druckertreiber auswählen
PRINTER Druckernummer = Dateiname [NAME Namensstring] [DEVICE Einheitenstring]
PROMPT = dBASEPromptzeichen    Prompt "." auf bis zu 19 Zeichen Länge ändern
RESETCRT = ON/off  Bei Rückkehr zu dBASE den Bildschirmmodus reaktivieren
SQL = on/OFF           SQL (Structured Query Language) aktivieren.
SQLDATABASE = SQLDateiname    Beim Systemstart eine SQL-Datei aufrufen
SQLHOME = Pfadname Den Pfad angeben, in dem die SQL-Dateien abgelegt sind
TEDIT = Texteditor Dateiname eines Editors für MODIFY COMMAND angeben
```

3.2 Befehlsverzeichnis von dBASE

*** [Kommentar bzw. Bemerkung]**
Kommentar in ein Programm schreiben und bei späteren Ausführungen
nicht berücksichtigen. Siehe NOTE.

? [Ausgabeliste]
Daten unformatiert in der nächsten Zeile ausgeben und ggf. berechnen.

?? [Ausgabeliste]
Daten in der aktiven Zeile ausgeben, also ohne Zeilenvorschub.

@ Zeile,Spalte [[SAY Text [PICTURE Schablone]] [GET Variable
 [PICTURE Schablone] [RANGE GrenzeUnten,GrenzeOben]]] / [CLEAR]
Cursor positionieren zwecks Ein- und/oder Ausgabe von Information über
den Bildschirm bzw. Drucker. 0,0 links oben und 79,24 rechts unten.

```
a 7,11 SAY "Ihr Name? " GET Name          && Zusätzliche Eingabeaufforderung
```

Speichervariable = Ausdruck
Wertzuweisung. Lies: "Variable ergibt sich aus Ausdruck". Siehe STORE.

```
Sumsatz = Sumsatz+100    identisch    STORE Sumsatz+100 TO Sumsatz
```

ACCEPT [Text] TO Speichervariable
Einen Text als Eingabeaufforderung anzeigen und die Tastatureingabe in
eine Speichervariable vom Datentyp String zuweisen. Siehe: INPUT.

```
ACCEPT "Welche Meßdaten? " TO Messdaten
```

APPEND [BLANK]
In den APPEND-Modus gehen, um Datensätze an die aktive Datei anzu-
fügen. Rückkehr durch Strg-Ende (wirksam mit Speicherung) oder Esc
(unwirksam). Mit APPEND BLANK einen Leersatz an die Datei anfügen.

APPEND FROM Dateiname/? [FOR Bedingung] [[TYPE] Dateityp] [SDF]
Aus einer FROM-Datei Datensätze an die aktive Datei anfügen. Mit dem
Zusatz SDF wird eine Textdatei (ASCII) eingelesen. Siehe COPY TO.

APPEND FROM ARRAY Arrayname [FOR Bedingung]
Datensätze aus einem Array an die aktive Datei anhängen (IV).

APPEND MEMO Memofeldname FROM Dateiname [OVERWRITE]
Eine Datei in ein benanntes Memofeld importieren (IV).

ASSIST
Menüsteuerung bzw. Regiezentrum (IV) als Menüoberfläche einschalten.

AVERAGE Feldnamen [Bereich] [FOR Bedingung] [TO Speichervariable
      / TO ARRAY Arrayname]
Den Durchschnitt aller genannten Felder ermitteln. Siehe SUM, STORE.

BEGIN TRANSACTION [Pfadname] ... END TRANSACTION
Eine Befehlsfolge als Transaktion einklammern, d.h. die Dateiänderungen
in der Hilfsdatei Translog.LOG aufzeichnen (siehe ROLLBACK, IV).

BROWSE [NOINIT] [NOFOLLOW] [NOAPPEND] [NOMENU] [NOEDIT]
      [NODELETE] [NOCLEAR] [COMPRESS] [FORMAT] [WIDTH Aus
      druckN] [WINDOW Fenstername] [LOCK Ausdruck] [FREEZE Feld]
      [FIELDS Feldname] [/R] [/Spaltenbreite] [Rechenfeld=AusdruckN]
In den BROWSE-Modus gehen, um die aktive Datei zwecks Lesen, Ändern, Löschen bzw. Anfügen durchzublättern. Siehe: EDIT.

CALCULATE [Bereich] Funktionsliste [FOR Bedingung]
      [TO Speichervariablen] [TO ARRAY Arrayname]
Auswertungen über die Zusatzfunktionen AVG, MAX, MIN, NPV, STD,
SUM und VAR vornehmen. Summe, Standardabweichung und Maximum:
```
CALCULATE SUM(Umsatz) TO SUmsatz, STD(Werte), MAX(Zahlung)
```

CALL Binärdateiname [WITH Ausdruck/Variable]
Eine mit LOAD in den RAM geladene Binärdatei ausführen.

CANCEL
Ausführung eines Programms beenden, zur dBASE-Befehlsebene zurück.

CHANGE [Bereich] [FIELDS Feldliste] [FOR Bedingung]
Datenfeld(er) editieren zwecks Änderung des Inhaltes.

CLEAR
Bildschirm löschen und Cursor nach oben links positionieren.

CLEAR ALL
System in den Anfangszustand versetzen: Alle Dateien schließen, Speichervariablen löschen, Arbeitsbereich 1 aktivieren. Siehe CLOSE, USE.

CLEAR FIELDS
Die mit SET FIELDS TO ... erstellte FIELDS-Liste löschen.

CLEAR GETS
Alle @-GET-Anweisungen aufheben, die seit dem letzten CLEAR ALL-,
CLEAR GETS- bzw. READ-Befehl gegeben wurden. Die mit @-GET-
angezeigten Felder können nicht geändert werden.

CLEAR MEMORY
Alle Speichervariablen und Arrays löschen (PRIVATE wie PUBLIC).

CLEAR [MENUS / POPUPS]
Menüs von Bildschirm wie Speicher löschen (IV).

CLEAR TYPEAHEAD
Den Tastaur-Eingabezwischenpuffer leeren (siehe INKEY())..

CLEAR WINDOWS
Fenster des Bildschirms wie des Speichers löschen (IV).

**CLOSE ALL/ALTERNATE/DATABASES/FORMAT/INDEX
      /PROCEDURE**
Alle offenen Dateien des genannten Dateityps schließen. Siehe USE.

COMMAND = ASSIST
Eintrag in CONFIG.DB, um das Regiezentrum (IV) zu aktivieren.

CONFIG.DB
Startdatei mit den Eintragungsbefehlen BUCKET=, COMMAND=, DO=, EEMS=, EXPSIZE=, FASTCRT=, FILES=, GETS=, INDEXBYTES=, PDRIVER=, PRINTER Name=, PROMPT=, RESETCRT=, SQL=, SQL-DATABASE=, SQLHOME=, TEDIT=, WP=.

CONTINUE
Erneutes Ausführen des letzten LOCATE-Befehls, um weiterzusuchen.

COPY FILE Quelldatei ZO Zieldatei
Dateien beliebigen Typs kopieren.

COPY TO Zieldatei [Bereich] [FIELDS Felder] [FOR Bed] [Type Typ]
Inhalt der aktuellen Quellendatei in eine Zieldatei kopieren.

COPY INDEXES NDX-Dateiliste [TO MDX-Dateiname]
Eine Liste von NDX-Indexes in eine MDX-Datei kopieren (IV).

COPY MEMO Memofeld TO Dateiname [ADDITIVE]
Information aus einem Memofeld in eine Textdatei kopieren.

COPY STRUCTURE TO Zieldatei [FIELDS Feldliste]
Nur die Dateistruktur kopieren, nicht aber den Dateiinhalt.

COPY TO Zieldatei STRUCTURE EXTENDED

4-Felder-Datei mit Feldname, Feldtyp, Feldlänge und Anzahl der Dezimalstellen in eine DBF-Datei kopieren. Mit CREATE FROM kann später
eine neue Datenbank erstellt werden.

COPY TAG Indexfeldname [OF MDX-Dateiname] TO NDX-Dateiname
Einen Eintrag aus einer MDX-Datei in eine NDX-Datei kopieren (IV).

COPY TO ARRAY Arrayname [FIELDS Liste] [Bereich] [FOR Bedingung]
Datensätze der aktiven Datei in einen Array kopieren (IV).

COUNT [Bereich] [FOR Bedingung] [TO Speichervariable]
Anzahl der Sätze der aktuellen Datei zählen.

CREATE Dateiname
In den CREATE-Modus gehen, um die Struktur einer neuen Datei zu definieren und abzuspeichern. Verlassen durch Strg-Ende oder Esc.

CREATE Dateiname FROM StrukturerweiterteDatei / ?
Eine neue Datei aus einer mit COPY STRUCTURE EXTENDED kopier-
ten Datei erstellen.

CREATE APPLICATION Dateiname / ?
Über den Applikationen-Generator ein Objekt erzeugen (IV).

CREATE LABEL Labeldateiname / ?
Über zwei Editiermasken zur aktuellen Datei eine Label- bzw. Etiketten-
datei mit dem Dateityp LBL erzeugen (MODIFY LABEL identisch).

CREATE QUERY QBE-Dateiname / ?
Filter für eine Datenbank (DBF) oder View-Datei (VUE) erstellen.

CREATE REPORT FRM-Reportformdateiname / ?
Über den Reportgenerator zur aktiven Datei einen Bericht als Report-
formdatei definieren und als FRM-Datei abspeichern.

CREATE SCREEN SCR-Dateiname / ?
Eine Maskendatei als SCR-Datei bzw. FMT-Datei erstellen.

CREATE VIEW VUE-Dateiname [FROM ENVIRONMENT]
Identisch zu CREATE QUERY.

DEACTIVATE MENU / POPUP / WINDOW
Das aktive Menü bzw. Fenster wieder schließen (IV).

DEBUG Dateiname / Prozedurname [WITH Parameter]
Den Programm-Debugger zwecks Fehlersuche aktivieren (IV).

DECLARE Arrayname [Zeilenanzahl,Spaltenanzahl] [...]
Einen ein- oder zweidimensionalen Array vereinbaren (IV).

DEFINE BAR ZeilenNr OF POPUP-Name PROMPT Text
        [MESSAGE Text] [SKIP [FOR Bedingung]]
Eine Menüzeile für ein POPUP-Menü definieren (IV).
```
DEFINE POPUP Menue1 FROM 5,4 TO 10,24
DEFINE BAR 1 OF Menue1 PROMPT "Einen Satz lesen"
```

DEFINE BOX FROM Spalte HEIGHT HöheN [AT LINE Druckzeile]
        [SINGLE/DOUBLE/Randdefinitionsstring]
Ein Rechteck mit Linien um einen Text zeichnen (IV).

DEFINE MENU Menüname [MESSAGE AusdruckZ]
Anfangsbefehl zum Definieren eines Menüs (IV).

DEFINE PAD Auswahlname OF Menüname PROMPT Text
        [AT Zeile,Spalte] [MESSAGE Meldungstext]
Einen Auswahlpunkt zu einem Menü definieren (IV).
```
DEFINE MENU KuneMenu
DEFINE PAD Lesen OF KundMenu PROMPT "Anzeigen" AT 3,5
```

DEFINE POPUP Popup-Name FROM Zeile,Spalte [TO Zeile,Spalte]
        [PROMPT Field Feldname / PROMPT FILES / PROMPT
        STRUCTURE] [MESSAGE Meldungstext]
Ein Popup-Menü als Fenster mit Auswahlfeldern definieren (IV).

DEFINE WINDOW Fenstername FROM Zeile,Spalte TO Zeile,Spalte
        [DOUBLE/PANEL/NONE/Randdefinitionsstring]
        [COLOR [Standard][,erweitert][,Rahmen]]
Ein Fenster einrichten, umrahmen bzw. einfärben (IC).

DELETE [Bereich] [FOR Bedingung]
Sätze aus dem angegebenen Bereich mit "*" als Löschmarkierung versehen.
Siehe PACK (physisches Löschen), RECALL, ZAP.

DELETE FILE Dateiname mit Datentypangabe
Datei(en) beliebigen Typs von Diskette entfernen.

DELETE TAG Schlüssel [OF MDX-Dateiname]
Einen Schlüsseleintrag aus einem Mehrfachindex entfernen (IV).

DIR [ON] Laufwerk:] [[LIKE] Zugriffspfad] [Dateiname.Dateityp]
Inhaltsverzeichnis einer Diskette gemäß der genannten Maske anzeigen.

DISPLAY [Bereich] [FIELDS Felder] [OFF] [FOR Bedingung]
**   [WHILE Bedingung] [TO PRINTER / TO FILE Dateiname]**
Sätze der aktuellen Datei am Bildschirm anzeigen. Siehe LIST.

```
DISPLAY FILEDS Umsatz,Name FOR Umsatz>30000    && Projektion und FOR-Selektion
```

DISPLAY FILES [LIKE Bereich] [TO PRINTER / TO FILE Dateiname]
Inhaltsverzeichnis der Diskette anzeigen.

DISPLAY HISTORY [LAST Befehlsanzahl] [TO PRINTER / TO FILE d]
Befehle, die im HISTORY-Modus gespeichert wurden, anzeigen.

DISPLAY MEMORY [TO PRINTER / TO FILE Dateiname]
Namen, Typ, Größe und Status aller Variablen im Speicher anzeigen.

DISPLAY STATUS [TO PRINTER / TO FILE Dateiname]
Status bzw. Zustand des Systems anzeigen: Datenbankname, Arbeitsbereichsnummer, Alias-Name, Datenbankverbindungen, offene NDX- und
MEMO-Dateien), Name der SET-Einstellungen und Belegung von Funktionstasten. Identischer Befehl: LIST STATUS.

DISPLAY STRUCTURE [IN Alias] [TO PRINTER / TO FILE Datei]
Die Struktur der aktiven Datei mit Dateiname, Satzanzahl, Aktualisierung,
Datenfelder (Name, Datentyp, Länge) und Datensatzlänge anzeigen.

DISPLAY USERS
Datenstations-Identifizierung aus Login.DB lesen (IV).

DO Programmname/Prozedurname [WITH Parameterliste]
Eine Befehlsdatei bzw. Programm zur Ausführung bringen und dabei ggf.
Parameter übernehmen. Siehe PARAMETERS, RETURN.

DO CASE - [OTHERWISE] - ENDCASE
Befehl zur Kontrolle der mehrseitigen Auswahlstruktur bzw. Fallabfrage.

DO WHILE - ENDDO
Befehl zur Kontrolle der Schleife als Wiederholungsstruktur.

EDIT [Satznummer] [Bereich] [FIELDS Liste] [FOR Bedingung]
In EDIT-Modus gehen und einen Satz editieren (Zusätze wie BROWSE).

EJECT
Seitenvorschub am Drucker vornehmen (PROW() und PCOL() auf 0).

EJECT PAGE
Einen Seitenvorschub erzeugen gemäß Drucker-Seitenverwaltung (IV).

ERASE Dateiname / ?
Datei (Dateityp angeben!) von Diskette löschen. ? zeigt die Namen an.

EXIT
Schleife verlassen, Ausführung hinter ENDDO / ENDSCAN fortsetzen.

EXPORT TO Dateiname [TYPE] [FIELD Bedingung] [Parameter]
Eine DBF-Datei in ein anderes Datenformat umwandeln (IV).

FIND SuchstringMitLiteralen
In der Hauptindexdatei nach dem angegebenen Suchstring suchen und den
Satzzeiger positionieren. Siehe SEEK, LOCATE.

```
FIND &SUmsatz          identisch zu          SEEK SUmsatz
```

FUNCTION Prozedurname
Eine benutzerdefinierte Funktion in einer Datei aufrufen (IV).

GO / GOTO [Satznummer] [BOTTOM/TOP] [IN Alias]
Datensatzzeiger positionieren und den Satz in dem RAM-Puffer lesen.

HELP [Schlüsselwort]
Hilfestellungen liefern.

IF - [ELSE] - ENDIF
Befehl zur Kontrolle der ein- oder zweiseitigen Auswahlstruktur.

IMPORT FROM Dateiname [TYPE]
Dateien anderer Tools importieren (vgl. EXPORT, IV).

INDEX ON SchlüsselfeldAusdruck TO Indexdateiname / TAG Eintrag
         [OF MDX-Dateiname] [UNIQUE] [DESCENDING]
Für die aktive Datenbank eine Indexdatei sortiert abspeichern. Mit UNI-
QUE nur den ersten von gleichen Schlüsseln übernehmen.

```
INDEX ON Name+STR(Umsatz,2) TO KunNam2
```

INPUT [Hinweistext] TO Speichervariable
Text zeigen und Tastatureingabe einer Variablen vom Typ C (Eingabe in
" " tippen), N oder L zuweisen. Siehe ACCEPT.

INSERT [BLANK] [BEFORE]
Einen Satz hinter oder vor die aktuelle Satznummer einfügen.

JOIN WITH Alias TO Zieldatei [FOR Bedingung] [FIELDS Liste]
Die aktuelle Datei mit der im zweiten Arbeitsbereich selektierten Alias-
Datei verknüpfen und in der TO-Datei speichern.
    JOIN WITH Kun TO Neudatei FOR Name = Ku->NAme

LABEL FORM LBL-Datei/? [Bereich] [FOR Bedingung] [SAMPLE]
    [TO PRINTER / TO FILE Dateiname]
Etiketten- bzw. Labeldatei öffnen und die aktive DBF-Datei in Form von
Etiketten ausdrucken (PRINT) bzw. als Textdatei speichern (FILE).

LIST [OFF] [Bereich] [FOR Bedingung] [TO PRINTER / TO FILE d]
Inhalt der aktiven Datei zeigen. Voreinstellung ALL, sonst wie DISPLAY.

LIST HISTORY/MEMORY/STATUS/STRUCTURE
Siehe DISPLAY.

LOAD Binärdateiname
Ein Binärprogramm in den RAM laden und dann mit CALL aufrufen.

LOCATE [Bereich] FOR Suchbedingung [WHILE Bedingung]
Vom aktiven Datensatz an Satz für Satz suchen, bis die Suchbedingung
erfüllt oder Dateiende erreicht ist, und den Satzzeiger sowie FOUND()
auf .T. stellen. Siehe CONTINUE, DISPLAY FOR.
    LOCATE FOR DTOC(Datum)="31/01/87" .OR. Bezahlt

LOGOUT
Den aktiven Benutzer aus dem Multiuser-System ausklinken (IV).

LOOP
In einer Schleife zu DO WHILE bzw. SCAN unbedingt verzweigen.

MODIFY COMMAND Programmdateiname [WINDOW Fenstername]
In den MODIFY- bzw. Textprozessor-Modus gehen und ein Programm
erstellen (New File) bzw. ein auf Diskette gefundenes Programm ändern.
Rückkehr durch Strg-Ende (wirksam) oder Esc (unwirksam).

MODIFY APPLICATION/LABEL/QUERY/REPORT/SCREEN/VIEW
Siehe CREATE APPLICATION/LABEL/QUERY/REPORT/...

MODIFY STRUCTURE Dateiname
Struktur der aktuellen Datendatei ändern, wobei eine BAK-Datei als Si-
cherungskopie gespeichert wird. Bei gleichzeitigem Ändern von Feldname
und -länge können die Daten nicht mehr gelesen werden.

MOVE WINDOW Fenstername TO Zeile,Spalte
              / BY Zeilenänderung,Spaltenänderung
Ein Fenster am Bildschirm positionieren (IV).

NOTE / *
Kommentar in einer Programmdatei angeben, der bei TYPE gezeigt wird.

ON ERROR/ESCAPE/KEY/READERROR Befehl
Ausführung verzweigen, wenn die Bedingung ERROR (Fehler), ESCAPE
(Esc-Taste gedrückt) bzw. KEY (beliebige Taste gedrückt) wahr ist.

ON PAD Menüwahl OF Menüname [ACTIVATE POPUP Popup-Name]
Ereignisbehandlung bei entsprechender Menüwahl (IV).

ON PAGE [AT LINE Zeilennummer Befehl]
Druckseitenverwaltung ein- bzw. ausschalten (IV).

ON SELECTION PAD Menüpunkt OF Menüname [Befehl]
Eine Menüauswahl mit einem bestimmten Befehl verbinden (IV).
    `ON SELECTION PAD Menue1 OF KundMenu DO Prog1`

ON SELECTION POPUP Popup-Name/ALL [Befehl]
Befehl ausführen, falls das Popup-Menü aktiviert worden ist (IV).

PACK
Mit der Markierung "*" logisch gelöschte Sätze der aktiven Datei tatsächlich bzw. physisch löschen. Siehe DELETE, RECALL, ZAP.

PARAMETERS Parameterliste
Parameter als Variablenwerte aus einem übergeordneten Programm übergeben (PARAMETERS als 1. Befehl im Programm). Siehe DO, PUBLIC.

PLAY MACRO Makroname
Ein Makro aus einer Makro-Bibliothek ausführen.

PRINTJOB Befehle ENDPRINTJOB
Druckauftrag über Systemspeichervariablen kontrollieren (IV).

PRIVATE Speichervariablennamen
PRIVATE ALL [LIKE/EXCEPT Maske]
Auf die im übergeordneten Programm als PUBLIC vereinbarten gleichna-
migen Speichervariablen greift das aktive Unterprogramm nicht zu.

PROCEDURE Unterprogrammname .... RETURN
Den Anfang einer Prozedur markieren.

PROTECT
Das Sicherungssystem (Systemdatei DBSystem.DB) aktivieren (IV).

PUBLIC Speichervariablennamen / [ARRAY Elementenliste]
Speichervariablen global gültig erklären.

QUIT
Dateien schließen, dBASE verlassen und ins Betriebssystem zurückkehren.

READ [SAVE]
Alle @-GETs seit dem letzten CLEAR bzw. READ aktivieren.

RECALL [Bereich] [FOR Bedingung]
Die mit DELETE gesetzten Löschmarkierungen wieder aufheben.

REINDEX
Die aktiven Indexdateien (NDX wie MDX) neu indizieren.

RELEASE Speichervariablennamen [ALL [LIKE/EXCEPT Maske]]
Speichervariablen im Speicherbereich des RAM löschen. Maske mit *, ?.

RELEASE MODULE [Maschinenprogramm]/MENUS/POPUPS
Binärdateien, Menüs bzw. Fenster entfernen (IV).

RENAME DateinameAlt TO DateinameNeu
Eine durch Name.Typ gekennzeichnete Datei auf Diskette umbenennen.

REPLACE [Bereich] Feldname WITH Ausdruck [ADDITIVE]
      [FOR Bedingung] [WHILE Bedingung]
Datenfeldinhalte eines Teilbereichs der aktuellen Datei überschreiben.

```
REPLACE Umsatz WITH Umsatz + 100 FOR Name>"F"
```


REPORT FORM Reportformdateiname/? [PLAIN][HEADING AusdruckZ]
 [NOEJECT] [FOR Bedingung] [TO PRINTER/TO FILE d] [SUMMARY]
Zur aktiven und auszuwertenden DBF-Datei eine genannte Reportform-
datei erstellen und ohne Seitenzahlen (PLAIN) bzw. mit zusätzlicher
Überschrift (HEADING) ausgeben.

RESET [IN Alias-Datei]
Dateien vor END TRANSACTION bzw. ROLLBACK lösen (IV).

RESTORE FROM Speicherdateiname [ADDITIVE]
Daten aus einer MEM-Speicherdatei in den Hauptspeicher laden und ggf.
(ADDITIVE) zum aktuellen Speicherbereich hinzufügen.

RESTORE MACROS FROM Makro-Dateiname
Makros aus einer Makrodatei in den RAM laden (IV).

RESTORE WINDOW Namensliste/ALL FROM Datei
Eine Fensterdefinition aus einer Datei in den RAM laden (IV)

RESUME
Ein zuvor mit SUSPEND unterbrochenes Programm weiter ausführen.

RETRY
Steuerung des ausgeführten Programms an das Programm zurückgeben.

RETURN [AusdruckZ / TO MASTER / TO Prozedurname]
Programmausführung beenden und die Kontrolle zurückgeben.

ROLLBACK [DBF-Dateiname]
Dateien in Zustand vor BEGIN TRANSACTION bringen (IV).

RUN / ! MS-DOS-Befehlswort
Ausführung eines DOS-Befehls von dBASE aus.
```
RUN dir b:*.*
```

SAVE TO Speicherdateiname [ALL LIKE/EXCEPT Maske]
Speichervariablen aus dem aktiven Speicherbereich in eine MEM-Datei
ablegen. Gegenstück zu Befehl RESTORE FROM.
```
SAVE TO Kontroll ALL LIKE S??
```

SAVE MACROS TO Makrodateiname
Makrodefinitionen in eine KEY-Datei speichern (IV).

SAVE WINDOW Fensterdateiname / TO ALL Dateiname
Fensterdefinitionen als WIN-Datei auf Diskette ablegen (IV).

SCAN [Bereich] [FOR Bedingung] [WHILE Bedingung]
  Befehle [LOOP] [EXIT]
ENDSCAN
Schleife mit (gegenüber DO WHILE) vereinfachtem Dateizugriff (IV).
```
SCAN FOR "K"$Name          && Datei lesen und Name,Umsatz für die Sätze
  ? Name,Umsatz            && anzeigen, deren Name mit "K" beginnt
ENDSCAN
```

SEEK Suchausdruck
In der Hauptindexdatei nach dem angegebenen Ausdruck suchen und den
Satzzeiger positionieren (FOUND() und gegebenenfalls EOF() setzen). Wie
FIND, aber abweichende Schreibweise. Siehe SET EXACT ON, LOCATE.
```
SEEK Sname          SEEK "Maier"          SEEK 11.25
```

SELECT Nummer / ALIAS-Name eines Arbeitsbereichs
Einen von 10 möglichen Arbeitsbereichen öffnen (1 ist voreingestellt).

SET
Einstellung der SET-Schalter anzeigen bzw. ändern. Die SET-Schalter
können durch folgende Befehle direkt eingestellt (Defaults angegeben):
ALTERNATE OFF, ALTERNATE TO, AUTOSAVE OFF, BELL ON, BELL TO, BLOCKSI-
ZE TO, BORDER TO, CARRY OFF, CARRY TO, CATALOG OFF, CATALOG TO, CEN-
TURY OFF, CLOCK OFF, COLOR OFF, COLOR TO, CONFIRM ON, CONSOLE ON, CUR-
RENCY TO, DATE TO, DEBUG OFF, DECIMALS TO, DEFAULT TO, DELETED OFF,
DELIMITERS OFF, DESIGN ON, DEVELOPMENT ON, DEVICE TO SCREEN/PRINTER-
/FILE, DISPLAY TO, DOHISTORY OFF, ECHO OFF, ENCRYPTION OFF, ESCAPE ON,
EXACT OFF, EXCLUSIVE OFF, FIELDS TO, FIELDS OFF, FILTER TO, FIXED OFF,
FORMAT TO, FULLPATH OFF, FUNCTION .. TO, HEADING ON, HELP ON, HISTORY
ON, HISTORY TO, HOURS TO, INDEX TO ?/Name/TAG, INSTRUCT ON, INTENSITIY
ON, LOCK ON, MARGIN TO, MARK TO, MEMOWITDH TO, MENU ON, MESSAGE TO,
NEAR OFF, ODOMETER TO, ORDER TO, PATH TO, PAUSE OFF, POINT TO, PRECI-
SION TO, PRINTER OFF, PRINTER TO, PROCEDURE TO, REFRESH TO, RELATION
TO, REPROCESS TO, SAFETY ON, SCOREBOARD ON, SEPARATOR TO, SKIP TO,
SPACE ON, SQL OFF, STATUS ON, STEP OFF, TALK ON, TITLE ON, TRAP OFF,
TYPEAHEAD TO, UNIQUE OFF, VIEW TO, WINDOW OF MEMO TO.

SET ALTERNATE OFF
Ergebnisse in eine Protokolldatei (Textdatei) schreiben, die zuvor mit SET
ALTERNATE TO geöffnet wurde. Beispiel:
```
1. SET ALTERNATE TO Protok.TXT
2. SET ALTERNATE ON
3. .... Bearbeitung ....
4. CLOSE ALTERNATE
```

SET BELL ON
Ton bei fehlerhaften Eingaben abschalten.

SET CARRY OFF
Bei APPEND den Satzinhalt automatisch in den nächsten Satz kopieren.

SET CATALOG TO CAT-Dateiname
Einen Katalog erstellen, ändern bzw. schließen.

SET CONFIRM OFF
Eingabe eines Datenfeldes muß mit Ret-Taste bestätigt werden.

SET CONSOLE ON
Bildschirmanzeige unterdrücken.

SET DEBUG OFF
Druckausgabe bei eingeschaltetem ECHO und STEP für Fehlersuche.

SET DECIMALS TO Nachkommastellen
Anzahl der anzuzeigenden Nachkommastellen festlegen (voreingestellt: 2).

SET DEFAULT TO Laufwerk
Standardlaufwerk bzw. aktuelles Laufwerk festlegen.
    SET DEFAULT TO B:

SET DELETED OFF
Mit "*" als gelöscht markierte Sätze werden z.B. von DISPLAY, LIST,
LOCATE und COPY ignoriert, von INDEX, NEXT und RECORD nicht.

SET DELIMITERS OFF
Bei Masken die Datenfeldbegrenzung durch ein Zeichen vornehmen, das
zuvor mit SET DELIMITER TO Zeichen definiert wurde (":" ist voreingestellt).

SET DEVICE TO PRINTEr/SCREEN/FILE Dateiname
Formatierte Ausgaben (@-SAY-GET) auf den Drucker leiten.

SET DOHISTORY OFF
Befehle aus Programmen in HISTORY aufzeichnen oder nicht.

SET ECHO OFF
Gerade ausgeführten Befehl anzeigen zwecks Fehlersuche.

SET ESCAPE ON
Ein Befehl kann nicht durch Drücken der Esc-Taste abgebrochen werden.

SET EXACT OFF
Zu vergleichende Zeichenketten müssen exakt übereinstimmen.

SET FIELDS OFF
Die mit SET FIELDS TO gewählte Feldliste verwenden bzw. ignorieren.

SET FILTER TO [FILE Dateiname / ?] [Bedingung]
Nur die Sätze, für die die Bedingung zutrifft, werden verarbeitet. Der
Filter gilt solange, bis er durch SET FILTER TO abgeschaltet wird.
    SET FILTER TO Umsatz>30000

SET FIXED OFF
Zahlen werden in Festkommadarstellung angezeigt.

SET FORMAT TO [Formatdateiname / ?]
Eine selbsterstellte Formatdatei bzw. FMT-Maske öffnen.

SET FUNCTION Tastennummer TO "String für Tastenbelegung"
Funktionstasten 2-10 belegen (";" ersetzt (Ret)-Tastendruck).
```
SET FUNCTION 5 TO "CLEAR ALL;"
```

SET HEADING ON
Überschriftszeilen z.B. bei LIST, DISPLAY ggf. unterdrücken.

SET HELP ON
Frage "Wünschen Sie Hilfe?" nach Fehlereingabe ggf. abschalten.

SET HISTORY ON
HISTORY-Einrichtung ggf. aktivieren (dabei mit SET HISTORY TO
Ausdruck gekennzeichnet).

SET INDEX TO [?/Indexdateinamensliste] [ORDER[TAG]NDX/MDX]
Indexdateien zur aktuellen Datendatei öffnen bzw. schliessen.

SET INTENSIVITY ON
Inversdarstellung von Feldern in Masken ggf. ausschalten.

SET MARGIN TO Druckstelle für linken Rand
Auszugebenden Ausdruck mit der angegebenen Druckstelle beginnen.

SET MEMOWIDTH TO Feldlänge
Länge des MEMO-Ausgabefeldes (Standard 50) ändern.

SET MENUS ON
Hilfsmenüs von menüorientierten Befehlen (z.B. bei EDIT, APPEND).

SET ORDER TO [Indexdateinummer]
Eine beliebige geöffnete Datei zur Hauptindexdatei erklären.

SET PATH TO [Zugriffspfadliste]
Zugriffspfad festlegen, in dem gesucht wird.
```
SET PATH TO C:\TOOL\VERWALT
```

SET PRINTER OFF
Alle nicht mittels @-SAY-GET formatierten Ausgaben ausdrucken.

SET PROCEDURE TO [Prozedurdateiname]
PRG-Prozedurdatei zur aktuellen Programmdatei öffnen.

SET RELATION TO [Verkettungsfeld/RECNO() INTO ALIAS-Name]
Aktive Datei im aktiven Arbeitsbereich 1 mit einer Datei im ALIAS-Arbeitsbereich über ein Verkettungsfeld (das Schlüsselfeld eines Indexes sein muß) koppeln. SET RELATION TO hebt die Verkettung wieder auf.

SET SAFETY ON
Warnung bei drohendem Überschreiben einer Datei ggf. unterdrücken.

SET SCOREBOARD ON
In der Statuszeile erscheinende dBASE-Meldungen ggf. unterdrücken.

SET STATUS ON
Inhalt der Statuszeile ggf. nicht anzeigen.

SET TALK ON
Systemmeldungen ggf. nicht am Bildschirm anzeigen.

SET TYPEAHEAD TO Pufferspeichergröße
Eingabepuffer zwischen 0 und 32000 festlegen (sonst: 20 Zeichen).

SET UNIQUE OFF
Bei doppelten Schlüsselfeldern wird ggf. jeweils nur ein Feld (Unikat) in einer Indexdatei berücksichtigt.

SHOW MENU Menüname [PAD Menüpunktname]
Menü zu Testzwecken anzeigen, ohne es zu aktivieren (IV).

SHOW POPUP Popup-Name
Ein Popup-Menü zum Test anzeigen, ohne es zu aktivieren (IV).

SKIP [Satzanzahl] [IN Alias]
Datensatzzeiger um 1 bzw. die angegebene Anzahl von Sätzen ändern.

SORT [Bereich] TO Zieldateiname ON ListeVonFeldnamen [/A] [/C] [/D]
               [FOR Bedingung] [WHILE Bedingung]
Die aktive Datei sortieren und in der Zieldatei speichern.
```
SORT ON Name/A,Umsatz/D TO Hilf FOR Umsatz>30000
```

STORE Ausdruck TO Speichervariablenliste / Arrayelementliste
Einer oder mehreren Speichervariablen einen neuen Wert zuweisen.

SUM [Bereich] [AusdruckN] [TO Speichervariable / TO ARRAY
           Arrayname] [FOR Bedingung] [WHILE Bedingung]
Datenfeldinhalte aufsummieren und ggf. zuweisen. Siehe COUNT.

SUSPEND
Programmausführung zur Fehlersuche unterbrechen, mit RESUME weiter.

TEXT BeliebigeZeichen ENDTEXT
Anfang und Ende eines Textblocks in einem Programm markieren.

TOTAL ON Schlüssel TO Dateiname [FIELDS Felder] [Bereich]
        [FOR Bedingung] [WHILE Bedingung]
Alle numerischen Felder der aktiven Datei (nach Schlüsselfeld indiziert
bzw. sortiert) in einer komprimierten Datei zusammenfassen.

TRANSACTION
Transaktionsmanagement mit BEGIN-END TRANSACTION steuern (IV).

TYPE Dateiname [TO PRINTER/TO FILE Dateiname] [NUMBER]
Inhalt einer ASCII-Datei bzw. Textdatei anzeigen.

UNLOCK [ALL / IN Alias-Dateiname]
Sicherungen von Datei und Datensatz aufheben (IV).

UPDATE ON Schlüssel FROM Alias REPLACE Feld WITH Ausdruck
        [Feld2 WITH AUsdruck2 ...] [RANDOM]
Ausgewählte Felder der aktuellen Datei durch Felder einer Bewegungs-
datei aktualisieren. Der Schlüssel muß in beiden Dateien übereinstimmen.

```
UPDATE ON Name FROM Neu REPLACE Umsatz WITH Neu->Umsatz
```

USE [Dateiname/?] [IN Arbeitsbereichsnummer] INDEX Indexliste NDX
        oder MDX] [ORDER [TAG] NDX-Dateiname/MDX-Eintrag]
        [OF MDX-Dateiname] [ALIAS Name] [EXCLUSIVE] [NOUPDATE]
Eine DBF-Datei öffnen, zwecks Abkürzung ggf. einen ALIAS-Namen
benennen und den ersten Satz in den RAM lesen.

```
USE Kunden12 INDEX KunNam1,KunUms4 ALIAS Kun
```

WAIT [Eingabeaufforderung] [TO Speichervariable]
Programmausführung erst nach Eingabe einer Taste fortsetzen.

ZAP
Alle Sätze der aktiven Datei tatsächlich (physisch) ohne vorherige Löschmarkierung entfernen. Siehe DELETE.

3.3 Funktionsverzeichnis von dBASE

ABS(AusdruckN)
Absoluten Wert des Ausdrucks liefern.

ACCESS()
Zugriffs-Level eines Benutzers im Netzwerk nennen (IV).

ACOS(AusdruckN)
Arcus Cosinus eines WInkels in Grad nennen (IV).

ASC(Ausdruck)
Die ASCII-Codezahl des ersten Zeichens eines Strings angeben.

ALIAS(Arbeitsbereichsnummer)
Den Alias-Namen für die Nummer 1-10 nennen (IV).

ASIN(AusdruckN)
Den Arcus Sinus im Bogenmaß angeben (IV)

AT(Ausdruck1,Ausdruck2 / Memofeldname)
Die Anfangsposition des ersten Ausdrucks im zweiten Ausdruck liefern.

ATAN(AusdruckN)
Arcus Tangens im Bogenmaß nennen (IV).

BOF([Alias])
Prüfen, ob der Satzzeiger am Dateianfang (Beginning Of File) steht.

CALL(Dateiname,Ausdruck / Memovariablenname)
Den angegebenen Wert aus einer Binärdatei übernehmen (IV).

CDOW(AusdruckD)
Den Wochentag (Day Of Week) einer Eingabe vom Datum-Typ liefern.

CEILING(AusdruckN)
Kleinste ganze Zahl größer oder gleich dem AusdruckN (IV).

CHANGE()
.T. angeben, falls ein Satz seit dem Dateiöffnen geändert wurde (IV).

CHR(AusdruckN)
ASCII-Wert in das zugehörige Zeichen umwandeln.

CMONTH(AusdruckD)
Den Monatsnamen für eine Eingabe vom Datum-Typ angeben.

COL()
Die aktuelle Spaltenposition des Cursors angeben.

COMPLETED()
Gültiges ROLLBACK oder END TRANSACTION mit .T. melden (IV).

CTOD()
Datum-String in einen Datum-Typ umwandeln (Character To Date).

DATE()
Speicher vom Typ Datum zur Bereitstellung des Systemdatums.

DAY(AusdruckD)
Numerischen Wert des Tages aus einem Datumsausdruck liefern.

DBF()
Den Namen der aktiven DBF-Datenbank nennen.

DELETED()
Abfragen, ob der aktive Satz eine Löschmarkierung "*" aufweist.

DIFFERENCE()
Doe SOUNDEX()-Differenz zwischen zwei Strings nennen (IV).

DISKSPACE()
Den freien Speicherplatz in Bytes im aktiven Laufwerk anzeigen (IV).

DMY(AusdruckD)
Das Datum ins Format Day/Month/Year umwandeln (IV).

DOW(AusdruckD)
Den Wochentag (Day Of Week) in eine Zahl (1=Sonntag) umwandeln.

DTOC(AusdruckD)
Einen Datumsausdruck in einen String umwandeln (Date TO Character).

DTOR(AusdruckN)
Grad in Bogenmaß (Radian) umwandeln (IV).

DTOS(AusdruckD)
Datum in einen String umwandeln (IV).

EOF([Alias])
Den Wert .T. liefern, wenn der Satzzeiger auf das Dateiende zeigt.

ERROR()
Fehlernummer aus einer ON ERROR-Bedingung liefern.

EXP(AusdruckN)
Den Exponentialwert eines Zahlenausdrucks ermitteln.

FIELD(Datenfeldnummer)
Den Namen des Datenfeldes mit der angegebenen Nummer liefern.

FILE(Dateiname)
Prüfen, ob eine Datei auf Diskette abgelegt ist.

FIXED(AusdruckF)
Datentyp F-Gleitkommazahl in Datentyp N-Zahl umwandeln (IV).

FKLABEL(Funktionstastennummer)
Das Zeichen angeben, mit dem die Funktionstaste belegt ist.

FKMAX()
Die Anzahl der programmierbaren Tasten angeben.

FLOAT(AusdruckN)
Typ N-Zahl in Datentyp F-Zahl umwandeln; siehe FIXED (IV).

FLOCK([Alias])
Beu Mehrbenutzerbetrieb testen, ob die Datei gesichert ist (IV).

FLOOR(AusdruckN)
Die größte ganze Zahl kleiner oder gleich N angeben (IV).

FOUND()
Den Wert .T. liefern, wenn der vorangehende FIND-, SEEK-, LOCATE-,
CONTINUE-Befehl erfolgreich war. Ein FOUND() je Arbeitsbereich.

FV(Zahlung,Zinssatz,Perioden)
Den zukünftigen Wert bei regelmäßiger Zahlung angeben (IV).

GETENV(Ausdruck)
Den Inhalt einer Umgebungsvariablen (Environment) als String liefern.

IIF(AusdruckL,Ausdruck1,Ausdruck2)
Einen bedingten Ausdruck ohne IF-ENDIF-Befehl erstellen.
```
Ergebnis = IIF(Zahl>0,'positiv','negativ')  && alternativ einen String zuweisen
```

INKEY([SekundenAnzahl])
ASCII-Codezahl liefern, die der zuletzt gedrückten Taste entspricht. Wurde keine Taste gedrückt, wird Null angegeben.

INT(AusdruckN)
Den ganzzahligen Teil einer Zahl angeben.

ISALPHA(AusdruckZ)
.T. liefern, wenn der Ausdruck mit einem Alphabet-Zeichen beginnt.

ISCOLOR()
.T. liefern, wenn das System in einem Farbmodus arbeitet.

ISLOWER(Ausdruck)
.T. liefern, wenn der Ausdruck mit einem Kleinbuchstaben beginnt.

ISMARKED([Alias])
Merker im Header der DBF-Datei auf "Änderung erfolgt?" prüfen (IV).

ISUPPER(Ausdruck)
.T. liefern, wenn der Ausdruck mit einem Großbuchstaben beginnt.

KEY([MDX-Dateiname,]Schlüsselnummer [,Alias])
Den aktiven Indexschlüsselnamen der MDX-Datei nennen (IV).

LASTKEY()
ASCII-Wert der zuletzt gedrückten Taste (wie INKEY()) nennen (IV).

LEFT(Ausdruck,Zeichenanzahl)
Die links stehende Anzahl von Zeichen eines Strings angeben.

LEN()
Die Länge (Length) einer Zeichenfolge nennen.

LIKE(Prüfstring,AusdruckZ)
Testen mit den Jokern ? und * und .T. bzw. .F. melden (IV).

LINENO()
Die Nummer der aktiven Programmzeile zwecks Debugging nennen (IV).

LKSYS(n)
Zeit n=0, Datum n=1 einer Datensicherung, Benutzername (n=2) bzw.
einen Nullstring n=sonst) angeben (IV).

LOG(AusdruckN)
Den natürlichen Logarithmus einer Zahl angeben.

LOG10(AusdruckN)
Den Zehnerlogarithmus einer Zahl angeben.

LOOKUP(Rückgabefeld, Suchbegriff, Suchfeld)
Felder (z.B. Name) nach einem Eintrag (z.B. 'Tilli') durchsuchen und den
Inhalt eines Feldes (z.B. Umsatz) zurückgeben (IV).

LOWER(Ausdruck)
Buchstaben einer Zeichenfolge in Kleinbuchstaben umwandeln.

LTRIM(AusdruckZ)
Führende Leerzeichen aus dem String entfernen.

LUPDATE([Alias])
Das Datum der letzten Aktualisierung der aktiven Datei nennen.

MAX(AusdruckN1,AusdruckN2)
Den größeren von zwei Zahlenwerten angeben.

MDX(MDX-Datei-Positionsnummer) [,Alias]
Den Dateinamen für das geöffnete MDX-Directory nennen (IV).

MDY(AusdruckD)
Eingabedatum in Format Month-Day-Year umwandeln (IV).

MEMLINES(Memofeldname)
Anzahl der Zeilen eines Memofeldes gemäß SET MEMOWIDTH angeben.

MEMORY()
Freien RAM-Speicherplatz in KB nennen (IV).

MENU()
Den Namen des gemäß DEFINE MENU aktiven Menüs nennen (IV).

MESSAGE()
Die letzte Fehlermeldung in Form eines Strings anzeigen.

MLINE(Memofeldname,Zeilennummer)
Eine Zeile aus einem Memofeld entnehmen (IV).

MIN(AusdruckN1,AusdruckN2)
Den kleineren zweier Zahlen angeben. Siehe MAX().

MOD(AusdruckN1,AusdruckN2)
Den Rest einer Division angeben (Dezimalstellen werden abgeschnitten).

MONTH(AusdruckD)
Die Nummer eines Monats aus einem Datumsausdruck liefern.

NDX(Indexdateinummer)[,Alias]
Den Namen der aktiven Indexdatei 1-7 nennen oder 0 (kein Index offen).

NETWORK()
Betrieb von dBASE im Netzwerk mit .T. melden (IV).

ORDER([Alias])
Namen von Primärindex (NDX) bzw. des 1. Eintrags (MDX) nennen (IV).

OS()
Den Namen nennen, unter dem dBASE derzeit arbeitet.

PAD()
Den Namen des zuletzt gewählten Menüpunktes nennen (IV).

PAYMENT(Kredit,Zinssatz,Perioden)
Die konstante Zahlung angeben (IV).

PCOL()
Die aktuelle Spalten- bzw. Zeichenposition des Druckkopfes angeben.

PI()
Zahl pi = 3,14159.... nennen.

POPUP()
Den Namen des aktiven Popup-Menüs nennen (IV).

PRINTSTATUS()
Angeschalteten Drucker mit .T. melden (IV).

PROMPT()
Die Promptmeldung des zuletzt gewählten Menüs nennen (IV).

PROW()
Die aktuelle Zeilenposition des Druckkopfes angeben. Der PROW()-Wert
darf 255 nicht übersteigen (sonst Seitenvorschub)

PV(Zahlung,Zinssatz,Perioden)
Gegenwartswert (Present Value) bei regelmäßigen Zahlungen nennen (IV).

RAND([N])
Zufallszahl 0-0.9999999 erzeugen; bei N<0 Uhr als Startwert (IV).

READKEY()
Tastennummer nennen, die einen Menübefehls beendet d#hat.

RECCOUNT([Alias])
Anzahl der Sätze der aktiven Datenbank nennen.

RECNO([Alias])
Nummer des aktiven (d.h. im RAM befindlichen) Datensatzes nennen.
Für eine leere Datei ist RECNO()=1 und EOF()=.T. und RECCOUNT()=0.

RECSIZE([Alias])
Die Datensatzlänge der aktiven Datenbank nennen.

REPLICATE(Ausdruck,Wiederholungen)
Einen Zeichenausdruck mehrmals wiederholen bzw. verketten.

RIGHT(Ausdruck,Anzahl)
Aus dem Stringausdruck von rechts eine Anzahl von Zeichen entnehmen.

RLOCK([SatznummernListe,Alias] / [Alias])
Angegebene Datensätze einer Datei sperren bzw. sichern (IV).

ROLLBACK()
Erfolgreiches letztes ROLLLBACK mit .T. melden (IV).

ROUND(AusdruckN,Nachkommastellen)
Eine Zahl kaufmännisch runden.

ROW()
Die aktuelle Zeilenposition des Cursors nennen. Siehe PROW().

RTOD(AusdruckN)
Vom Bogenmaß in Grad umrechnen (IV).

RTRIM(Ausdruck)
Nachfolgende Leerzeichen aus String entfernen (identisch mit TRIM()).

SEEK(Ausdruck [,Alias])
Nach Suche im Hauptindex Satzzeiger bewegen und .T. melden (IV).

SPACE(Leerzeichenanzahl)
Eine bestimmte Zahl von Leerzeichen bzw. Blanks erzeugen.

SET(BefehlswortVonSET)
Den Zustand der angegebenen SET-Einstellung (z.B. OFF) nennen (IV).

SIGN(AusdruckN)
Vorzeichen 1=poitiv, -1=negativ bzw. 0=null melden (IV).

SIN(AusdruckN)
Den Sinus eines WInkels angeben (IV).

SOUNDEX(AusdruckZ)
Vier-Zeichen-Code für ähnlich lautende Strings angeben (IV).

SPACE(LeerzeichenAnzahl)
Eine bestimmte Anzahl von Leerzeichen (Blanks) angeben.

SQRT(AusdruckN)
Die Quadratwurzel einer positiven Zahl liefern.

STR(AusdruckN [,Länge] [,Dezimalstellen])
Zahl in String umwandeln (Länge=10, Dez=0 als Defaults).

STUFF(String,Anfangsposition,LöschAnzahl,Einfügestring)
Einen String in einen Gesamtstring einfügen.

SUBSTR(String/Memofeldname,Anfangsposition[,AnzahlZeichen])
Einen Teilstring (Substring) aus einem String entnehmen. Fehlt Anzahl-
Zeichen, werden alle Zeichen bis zum Stringende entnommen.

TAG([MDX-Dateiname,] AusdruckN [,Alias])
Schlüsselnamen eines EIntrags einer Mehrfachindexdatei nennen (IV).

TAN(AusdruckN)
Den Tangens eines Winkels angeben (IV).

TIME()
Systemzeit als String im Format hh:mm.ss bereitstellen.

TRANSFORM(PICTURE-Formatstring,,AusdruckN,Ausdruck)
PICTURE-Formatierung ohne Verwendung des @-Befehls umgestalten.

TRIM(AusdruckZ)
Nachfolgende bzw. nicht belegte Leerzeichen aus einem String entfernen.

TYPE(AusdruckZ)
Den Datentyp C (Zeichen), N (Numerisch), F (Float), L (Logisch), M
(MEMO) bzw. U (undefiniert) angeben.

UPPER(AusdruckZ)
Alle Zeichen in Großschreibung umwandeln.

VAL(AusdruckZ)
String in eine Zahl umwandeln (Leerstellen entfallen) oder 0 liefern.

VARREAD()
Den Namen der aktiven Variablen nennen (IV)

VERSION()
Die Nummer der dBASE-Version liefern.

YEAR(AusdruckD)
Die Zahreszahl aus einem Datumsausdruck liefern.

Suchstring $ Stringausdruck
'Suchstring irgendwo in dem Ausdruck enthalten?' mit Operator $ prüfen.

& Zeichenvariable [Ausdruck]
Funktion & zur Makroersetzung: Inhalt einer Zeichenvariablen ersetzen.

4 Referenz zu Multiplan

4.1 Befehlsstruktur ab Multiplan 4.0

Zu jedem am Multiplan 4.0 verfügbaren Befehl werden die Unterbefehle
und sämtliche Befehlsoptionen angegeben:

```
   19
   20
BEFEHL:Text Ausschnitt Bewegen Druck Einfügen Format Gehezu Hilfe Kopie Löschen
 Name Ordnen Pfad Quitt Radieren Schutz Übertragen Verändern Wert Xtern Zusätze
Eingabe von Text in die Tabelle!
Z1S1                                 100% frei       Multiplan: TEMP
```

Befehl:	Unterbefehl:	Befehlswort (Befehlsfeld, Option):
TEXT		:
AUSSCHNITT	Teilen	Waagerecht Senkrecht Bezeichnung
	Umrahmen	ändern in Ausschnitt Nummer:
		Dateinamen anzeigen:(Ja)Nein
		Seitenwechsel anzeigen:(Ja)Nein
	Löschen	Ausschnitt Nummer:
	Verbinden	Ausschnitt Nummer: mit Ausschnitt Nummer:
		verbunden:Ja(Nein)
	Farbe	Text: Hintergrund: Ausschnittrahmen: Menü:
BEWEGEN	Zeilen	von Zeile: bis vor Zeile: Zeilenanzahl:
	Spalten	von Spalte: bis vor Spalte: Spaltenanzahl:
DRUCK	Drucker	
	Platte/Diskette	auf Platte/Diskette:
	Randbegrenzung	oben: unten: links: rechts: Einrücken:
		Seitenlänge: Seitenbreite: Maßeinheit:
	Optionen	Bereich: Drucker: Modell: Anschluß:
		Entwurf:Ja(Nein) Formeln:Ja(Nein)
		Z/S-Nummern:Ja(Nein)
	Kopf-/Fußzeile	Kopfzeile: Fußzeile:
		Start Numerierung bei:
		Numerierungsformat: (1) I i A a
EINFÜGEN	Zeile	Zeilenanzahl: vor Zeile: von Spalte: bis:
	Spalte	Spaltenanzahl: vor Spalte: von Zeile: bis:
FORMAT	Felder	ZS Ausrichtung:(Stnd)Mitte Norm Links Rechts -
		Formatcode: Standard
	Standard	Felder Breite_der_Spalten Höhe
	Optionen	Fehlermeldungen:Ja(Nein) Formeln:Ja(Nein)
		Dezimalzeichen: .(,)
	Breite_der_Spalten	in Zeichen oder S(tandard): Spalte: bis:
	Ersetzen	Standard durch:
	Zeichenformat	Felder: ZS Fett: Ja Nein(-)
	Druckerschriftarten	Schriftart: Schriftgröße:
GEHEZU	Makro	
	Name	
	Zeile_Spalte	Zeile: Spalte:
	Ausschnitt	Ausschnitt Nummerr: Zeile: Spalte:
HILFE	Wiederaufnahme	
	Erklärung ...	
KOPIE	Rechts	Anzahl Kopien: Beginn bei: ZS
	Nach_Unten	Anzahl Kopien: Beginn bei: ZS
	Von	Feld: ZS in Feld: ZS

```
LÖSCHEN      Zeile              Zeilenanzahl:  Beginn bei:  von Spalte:  bis:
             Spalte             Spaltenanzahl:  Beginn bei:  von Zeile:  bis:


NAME                            Name eingeben:  Bereich:  Makro:Ja(Nein)
                                Tastenschlüssel:


ORDNEN       Zeilen             nach Spalten:  von Zeile:  bis:
                                Sortierfolge:(>)<

             Spalten            nach Zeilen:  von Spalte:  bis:
                                Sortierfolge:(>)<


PFAD         Betriebssystem
             Kontrolle          Formeln  Bezüge
             Ausgabe            Drucker  Platte/Diskette
                                Namen  Querverweis  Überblick
             Datenbank          Vorwärts_Suchen  Rückwärts_Suchen
                                Kopieren_Daten  Löschen_Daten


QUITT


RADIEREN                        Felder


SCHUTZ       Felder             ZS  Status: Geschützt(Ungeschützt)
             Rechenformeln


ÜBERTRAGEN   Laden              Dateiname:  Nur Lesen:Ja(Nein)
             Speichern          Dateiname:  geschützt:Ja(Nein)
             Bildschirmlöschen  Gesamt  Ausschnitt
             Dateilöschen       Dateiname:
             Optionen           Format: Normal Symbolisch Fremd ASCII
                                Laufwerk/Inhaltsverzeichnis:  Bereich:
             Umbenennen         Dateiname:


VERÄNDERN                       :


WERT                            :


XTERN        Kopie              von Tabelle:  Bereichsname:  nach: ZS
                                verbunden:(Ja)Nein

             Liste
             Gesamt             von Tabelle:  Bereichsname:  Beginn bei:
                                Operation:(+)- * /

             Umbenennen         Dateiname:  statt:
             Aktualisieren      verbundene Tabellen:
ZUSÄTZE                         sofort rechnen:Ja Nein  Warnton aus:Ja(Nein)
                                Iteration:Ja(Nein)  Endekriterium in:
                                T/W-Modus:Ja(Nein)  Merke:Ja(Nein)
                                Menü_3.0:Ja(Nein)
```

4.2 Befehle von Multiplan

AUSSCHNITT: Teilen Umrahmen Löschen Verbinden Farbe
Ausschnittoperationen durchführen. Farben: 0=schwarz, 1=blau, 2=grün,
3=zyanblau, 4=rot, 5=magentarot, 6=gelb, 7=hellgrau, 8=dunkelgrau,
9=hellgrau, 10=hellgrün, 11=zyanblau hell, 12=hellrot, 13=magentarot hell,
14=hellgelb, 15=weiß. Den aktiven Ausschnitt bei Spalte 3 teilen:

```
AUSSCHNITT TEILEN SENKRECHT bei Spalte: 3      verbunden: ja
```

BEWEGEN: Zeilen Spalten
Zeilen oder Spalten unter Anpassung relativer Adreßangaben innerhalb
der Tabelle bewegen. Die aktive Spalte 7 zum linken Rand bewegen:

```
BEWEGEN SPALTEN von Spalte: 7 bis vor Spalte: 1      Spaltenanzahl: 1
```

DRUCK: Drucker Platte/Disk. Randbegrenzung Optionen Kopf-/Fußzeile
Die aktive Tabelle komplett oder in Teilen ausdrucken.

EINFÜGEN: Zeile Spalte
Zeile(n) oder Spalte(n) einfügen. Durch das Einfügen bedingte Adreßän-
derungen werden automatisch durchgeführt.

**FORMAT: Felder Standard Optionen Breite_der_Spalten Ersetzen
        Zeichenformat Druckerschriftarten**
Form der Tabellendarstellung auf dem Bildschirm einstellen.
Vordefinierte Formate des Befehlsfeldes "Formatcode" (bei Drücken der
Richtungstaste im Befehlsfeld "Formatcode" angezeigt):

Formatcode:	Ergebnis:
Standard	Anzeigen im Standardformat.
@[Zusammen]	Zeilenbereich in zusammenhängender Form.
0E+00	Exponentialschreibweise; 3E+06 für 3000000.
0,00	Festkommadarstellung; Anzahl der Nullen rechts vom Komma legt die Anzahl der Dezimalstellen fest (hier 2).
Norm	Zahl so genau wie möglich in der verfügbaren Spaltenbreite angeben.
0	Ausgabe ganzzahlig (Dezimalzahlen ganzzahlig gerundet).
#.##0 DM; (#.##0 DM)	Formatierter Währungsbetrag; vierstellige Beträge mit einem Punkt angezeigt; negative Zahlen eingeklammert; leeres Feld als 0 DM.
#.##0,00 DM; (+.++0,00 DM)	Formatierter Währungsbetrag wie oben, aber mit zwei Nachkommastellen; leeres Feld wird als 0,00 DM angezeigt.
Balken; (Balken)	Zahlen als entsprechende Anzahl von Sternchen anzeigen; negative Zahlen als eingeklammerte Sternchen.
0%	Zahlen als Prozentsatz ohne Nachkommastellen anzeigen (0,2 als 20%).
Unverändert	Ausgabeformat bleibt unverändert.

#.##0	Formatierter numerischer Wert; vierstellige Zahlen werden mit einem Punkt gezeigt; ein leeres Feld wird als 0 angezeigt.
#.##0,00	Formatierter numerischer Wert mit zwei Nachkommastellen; ein leeres Feld wird als 0,00 angezeigt.
0,00%	Zahl als Prozentsatz mit zwei Nachkommastellen (0,2 als 20,00%).
0,00E+00	Zahl als Wert mit zwei Nachkommastellen, E und einem Exponenten von 10 anzeigen (Exponentialdarstellung); 3,15E+06 für 3150000.
t.m.jj	31.1.89, aber 11.11.89
t.m	31.1
t-mmm-jj	31-Jan-89
t-mmm	31-Jan
mmm-jj	Jan-89
h:mm AM/PM	7:25 PM
h:mm:ss AM/PM	7:25:08 PM
h:mm	19:25
h:mm:ss	19:25:08
t.m.jj h:mm	31.1.89 19:25

Schnellformatierung durch Drücken von Tasten im "Formatcode"-Feld:
Z = Zusammen, S = Standard, E = 0E+00, F = 0,00, N = Norm, G = 0, W = DM-Währung, *
= Balken;(Balken), % = 0% und - = Unverändert.

GEHEZU: Makro Name Zeile_Spalte Ausschnitt
Einen bestimmten Bereich der Tabelle aktivieren. Zu dem mit *Endbetrag*
benannten Feld gehen (bei Eingabe einer Pfeiltaste werden die Variablen-
namen zur Auswahl aufgelistet).

        GEHEZU Name: Endbetrag

**HILFE: Wiederaufnahme Erklärung_Hilfe Nächste_Seite Vorhergehen-
de_Seite Lösungen Befehle Ändern_Vorschläge Formeln Tastatur Makros**
Hifestellungen geben (mit W zur Tabelle, Esc zum Hauptmenü zurück).

KOPIE: Rechts Nach_Unten Von
Inhalt und Format von Feldern kopieren (Originalfelder bleiben erhalten).

LÖSCHEN: Zeile Spalte
Zeile(n) oder Spalte(n) mit Anpassung von Adreßangaben entfernen.

NAME: Namen eingeben: Bereich: Makro:Ja(Nein) Tastenschlüssel
Ein Feld oder einen Bereich benennen bzw. die Benennung entfernen.
Namen sind maximal 31 Zeichen lang. Bei Eingabe einer Richtungstaste
werden die vergebenen Namen angezeigt.

ORDNEN Zeilen Spalten

Tabelle gemäß der Sortierfolge der genannten Spalte ordnen. Adreßangaben werden angepaßt. Beim Ordnen werden Zahlen, Text, Logische Wer-
te/Fehlerwerte und leere Felder unterschieden. Sortierfolge von Text:

```
! " # $ % & ' ( ) * + , - . / 0-9 : ; > = < ? @ A-Z [ \ ] ^ _ ` a-z { } ~
```

Die Tabelle nach dem Sortierschlüssel in Spalte 2 aufsteigend sortieren:

```
ORDNEN ZEILEN nach Spalten: 2          von Zeile: 1          bis: 4095
                   Sortierfolge: (>)<
```

PFAD: Betriebssystem Kontrolle Ausgabe Datenbank
Vier Befehlsoptionen bereitstellen. Zur Betriebssystemebene wechseln, um
einen DOS-Befehl aufzurufen (zurück mit EXIT):

```
PFAD BETRIEBSSYSTEM
```

QUITT:
Aktive Datei sichern (falls J eingegeben), Datei namens MP.INI speichern
und Multiplan verlassen. In MP.INI werden die über folgende Befehle
vorgenommenen Einstellungen gespeichert:

```
AUSSCHNITT FARBE/UMRAHMEN, DRUCK OPTIONEN/RANDBEGRENZUNG, FORMAT FELDER/STAN-
DARD HÖHE, ÜBERTRAGEN OPTIONEN Laufwerk und ZUSÄTZE.
```

RADIEREN: Felder
Nur den Inhalt eines Feldes bzw. Bereichs löschen, nicht aber Format,
Name bzw. das Feld selbst (siehe LÖSCHEN-Befehl).

SCHUTZ: Felder Rechenformeln
Felder bzw. alle Rechenformeln vor unbeabsichtigter Änderung schützen
(eine Änderung mit den Befehlen Kopie, Radieren, Text, Verändern,
Wert bzw. Xtern ist nicht mehr möglich).

TEXT: bzw. TEXT/WERT:
Text in das aktive Feld eingeben. Zur Texteingabe aufeinanderfolgender
Felder den TEXT-Befehl mit einer Pfeiltaste anstelle der Ret-Taste been-
den (das System meldet sich dann mit TEXT/WERT:).

ÜBERTRAGEN: Laden Speichern Bildschirmlöschen Dateilöschen
**   Optionen Umbenennen**
Die gesamte Tabelle zwischen dem RAM und einem Externspeicher übertragen. Durch Drücken einer Pfeiltaste (anstelle des Dateinamens) werden
die Dateinamen angezeigt. Vier Dateiformate:

1. Normal: Binäres Multiplan-Format (BIFF-Format für binary interchange file format),
   schnell und kompakt.
2. Symbolisch: SYLK-Dateiformat für Datenaustausch mit anderen Programmen.
3. Fremd: zum Laden anderer Tabellenformate von Lotus 1-2-3 und Symphony.
4. ASCII: ASCII-Format; Laden und Speichern von formatierten ASCII-Textdateien.

WERT:

Eine Zahl oder Formel in das aktive Feld eintragen. Der WERT-Befehl kann auch durch eine Ziffer 0-9 (Zahlen als Standardfutter von Multiplan) oder eines der vier Zeichen + - , = aktiviert werden.

XTERN: Kopie Liste Gesamt Umbenennen Aktualisieren
Auf Daten von nicht aktiven bzw. externen Tabellen zugreifen.
Aus Tabelle B:T8.TAB die Felder BET1 kopieren und ab Z7S2 ablegen:

```
XTERN KOPIE von Tabelle: b:t8.tab        Bereichsname: bet1
              nach: Z7S2                  verbunden:(Ja)Nein
```

ZUSÄTZE sofort rechnen:Ja Nein Warnton aus:Ja(Nein)
      Iteration:Ja(Nein) Endekriterium in: T/W-Modus:Ja(Nein)
      Merke:Ja(Nein) Menü_3.0:Ja(Nein)
Befehlszusätze in Form von Schaltern dauerhaft einstellen.

4.3 Funktionen von Multiplan

Abkürzungen der Funktionsargumente:
- N für einen numerischen Wert oder eine Formel.
- String für eine Zeichenkette oder eine Formel, die einen String liefert.
- Logisch für einen logischen Wert (sonst: Fehlerwert WERT!).
- Liste für Einträge, die durch ";" aufgelistet sind.
- Bereich für eine Adresse (Einzelfeld, Feldbereich bzw. Name).

Ab 4.0 für Funktionen, die erst ab Version Multiplan 4.0 verfügbar sind.

ABS(N)
Absolutwert von Zahl. ABS(-77.12) ergibt 77.12.

ANFANG(String)
Das 1. Zeichen in einen Großbuchstaben umwandeln. Ausgabe von "Kai":
```
ANFANG("kai")
```


ANZAHL(Liste)
Anzahl der angegebenen Zahlenwerte. Siehe MITTELW, SUMME.

ANZAHL2(Liste)
Anzahl der nicht-leeren Felder in der Liste. *Ab 4.0;* z.B. 3 angeben:
```
ANZAHL2(Z1S4:Z1S7)
```


ARCCOS(N)
Arcuskosinus von N im Bogenmaß berechnen; Ergebnis 0 - Pi. *Ab 4.0.*

ARCSIN(N)
Arcussinus von N im Bogenmaß angeben; Ergebnis -Pi/2 - Pi/2. *Ab 4.0.*

ARCTAN(N)
Arcustangens des Winkels N im Bogenmaß zwischen -Pi/2 und +Pi/2.

ARCTAN2(x;y)
Arcustangens aus den x- und y-Koordinaten berechnen. ARCTAN2(a;b)
entspricht ARCTAN(b/a), wobei in ARCTAN a=0 erlaubt ist. *Ab 4.0.*

BARWERT(Zinssatz;Liste)
Barwert für einen Zinssatz (als Dezimalzahl; 0,9 für 9%) berechnen. In
Liste stehen der Ertrag am Ende der 1. Periode (1. Wert), am Ende der 2.
Periode (2. Wert) usw. Einnahm als Bereich benannt:
```
BARWERT(0,9;Einnahm)
```

BUCHSTABE(Bereich)
Textinhalt des linken oberen Feldes des genannten Bereichs liefern.

CODE(String)
Codezahl der ersten Zeichens. CODE("Klaus") ergibt 75 als ASCII-Zahl.

COS(N)
Cosinus von N als Winkel im Bogenmaß liefern.

DATUM(Jahr;Monat;Tag)
Die dem Datum zugehörige Datumszahl nennen (Datumszahl 0 für den 1.
1.1900). Die Datumszahl 7 ausgeben:
```
DATUM(1988;4;22)-DATUM(1988;4;15)
```

DATWERT(Datumstring)
In die Datumszahl umwandeln. DATWERT("8.7.86") ergibt 31615.

DBANZAHL(Datenbank;Feld;Suchkriterien)
Anzahl der Zahlen im genannten Feld der Datensätze angeben, für die die
Suchkriterien erfüllt sind. *Ab 4.0.*

DBANZAHL2(Datenbank;Feld;Suchkriterien)
Anzahl der nicht-leeren Felder im genannten Feld der Datensätze angeben, für die die Suchkriterien erfüllt sind. *Ab 4.0.* In "Rechnung" zählen:
```
DBANZAHL2(Datenbank;"Rechnung";Suchkriterien)
```

DBMAX(Datenbank;Feld;Suchkriterien)
Die größte Zahl im genannten Feld der Datensätze angeben, für die die
Suchkriterien erfüllt sind. *Ab 4.0.*

DBMIN(Datenbank;Feld;Suchkriterien)
Die kleinste Zahl im genannten Feld der Datensätze angeben, für die die
Suchkriterien erfüllt sind. Siehe MIN. *Ab 4.0.*

DBMITTELWERT(Datenbank;Feld;Suchkriterien)
Den Mittelwert der Zahlen im genannten Feld der Datensätze angeben,
für die die Suchkriterien erfüllt sind. Siehe MITTELW. *Ab 4.0.*

DBPRODUKT(Datenbank;Feld;Suchkriterien)
Das Produkt der Zahlen im genannten Feld der Datensätze angeben, für
die die Suchkriterien erfüllt sind. Siehe PRODUKT. *Ab 4.0.*

DBSTDABW(Datenbank;Feld;Suchkriterien)
Durch Schätzen die Standardabweichung der Zahlen im genannten Feld
der Datensätze angeben, für die die Suchkriterien erfüllt sind (Grundgesamtheit anhand Sichprobe). Siehe STABW. *Ab 4.0.*

DBSTDABWN(Datenbank;Feld;Suchkriterien)
Die Standardabweichung der Zahlen im genannten Feld der Datensätze
berechnen, für die die Suchkriterien erfüllt sind (vollständige Grundgesamtheit). Siehe STABWN. *Ab 4.0.*

DBSUMME(Datenbank;Feld;Suchkriterien)
Die Summe der Zahlen im genannten Feld der Datensätze angeben, für
die die Suchkriterien erfüllt sind. Siehe SUMME. *Ab 4.0.*

DBVARIANZ(Datenbank;Feld;Suchkriterien)
Die Varianz einer Grundgesamtheit anhand einer Stichprobe unter Verwendung der Zahlen im genannten Feld der Datensätze angeben, für die
die Suchkriterien erfüllt sind. Siehe VARIANZ. *Ab 4.0.*

DBVARIANZEN(Datenbank;Feld;Suchkriterien)
Die Varianz einer Grundgesamtheit unter Verwendung der Zahlen im genannten Feld der Datensätze angeben, für die die Suchkriterien erfüllt
sind. Siehe VARIANZEN. *Ab 4.0.*

DELTA()
Größte während eines Iterationsdurchlaufes erfolgte Wertänderng nennen.

DIA(Kosten;Rest;Dauer;Zr)
Wert der digitalen Abschreibung ermitteln. Argumente: *Kosten* (Anschaf-
fungspreis), *Rest* (Restwert am Ende), *Dauer* (Nutzungsdauer in Jahren),
Zr (Zeitraum; für welches Jahr berechnen?). Siehe GDA, LIA. *Ab 4.0.*
20000 DM bis zu 5000 DM über 10 Jahre abschreiben und dabei den Ab-
schreibungsbetrag für das 6. Jahr angeben.

```
DIA(20000;5000;10;6)
```

ERSETZEN(TextAlt;Beginn;Anzahl;TextNeu)
Anzahl Zeichen ab der angegebenen *Beginn*-Position in *TextAlt* durch *TextNeu* ersetzen. *Ab 4.0*. "Tillmann" angeben:
```
ERSETZEN("Tibkmann";3;2;"ll")
```

EXP(N)
e hoch N als Umkehrfunktion zu LN berechnen (e=2,7182818...).

FAKULTÄT(N)
Die Fakultät von N angeben. *Ab 4.0*.

FALSCH()
Den logischen Wert FALSCH liefern. WENN(6<Z7S2;FALSCH();WAHR()) ergibt den Wert FALSCH, wenn Z7S2 größer als 6 ist.

FEST(N;Nachkommastellen)
N in einen String umwandeln. FEST(721,476;2) ergibt gerundet 721,48.

FINDEN(Suchtext;Text;Beginn)
Im Text nach einem Suchtext ab der Beginn-Position suchen und die Nummer des Zeichens angeben, bei dem Suchtext erstmalig auftritt; sonst Fehlerwert WERT!. Siehe LÄNGE, SUCHEN. *Ab 4.0*. Zahl 5 angeben:
```
FINDEN("e";"Das eigene Heim")
```

GANZZAHL(N)
Die größte ganze Zahl, die kleiner oder gleich n ist, liefern. -785 bzw. 7:
```
GANZZAHL(-784,777)     bzw.   GANZZAHL(7,8)
```

GDA(Kosten;Rest;Dauer;Zr)
Den Abschreibungswert bei geometrisch degressiver Abschreibung gemäß "(*Kosten*-Gesamtabschreibung aus vorangehenden Zeiträumen)*2/*Dauer*" angeben. Siehe DIA, LIA. *Ab 4.0*.

GLÄTTEN(String)
Leerstellen entfernen. GLÄTTEN(" Klau s ") ergibt "Klaus".

GROSS(String)
In Großbuchstaben umwandeln. GROSS("Klaus") ergibt "KLAUS".

GW(zins;zzr;rmz;zw;f)
Cash-flow-Rechnung bei regelmäßigen Zahlungen mit numerischen Argumenten Gegenwartswert (*gw*), Zinssatz (*zins*), Zahl der Zeiträume (*zzr*), regelmäßige Zahlungen (*rmz*), zukünftiger Wert (*zw*) und Fälligkeit (*f=0*

Zahlungen am Ende und *f=1* Zahlungen am Anfang fällig). Voreinstellung
der Argumente ist Null. Siehe Funktionen ZW, ZZR, RMZ und ZINS.
12000 Kredit zum Jahreszinssatz von 9% ergibt eine Monatsbelastung von
548,22 DM, wenn der Kredit in 2 Jahren zurückbezahlt wird:
```
RMZ(0,0075;24;-12000;0;0) ergibt 548,22 DM
```

IKV(Liste,Schätzwert)
Internen Kapital-Verzinsungssatz einer Liste von Cash-Flows ermitteln
(Schätzwert=0 voreingestellt).

INDEX(Bereich;Lage)
Wert eines Feldes durch Angabe seiner Lage in Bereich liefern. 4. Feld:
```
INDEX(Z7;4)
```

ISTFEHL(Wert)
Den logischen Wert WAHR liefern, wenn *Wert* einen der Fehlerwerte
NV!, WERT!, POS!, DIV/0!, NUM!, NAME!, NULL! hat. Sonst FALSCH.
Wenn Feld Z7S2 z.B. den Wert DIV/0! hat, wird WAHR geliefert:
```
ISTFEHL(Z7S2)
```

ISTFEHLER(Wert)
WAHR liefern, wenn *Wert* ein Fehlerwert außer NV! ist. *Ab 4.0.*

ISTFOLGE(String)
Für Stringfeld WAHR und für numerisches Feld FALSCH liefern. Wenn
in Z7S2 ein String gespeichert ist, dann WAHR liefern:
```
ISTFOLGE(Z7S2)  bzw.  ISTFOLGE("Klaus")
```

ISTLEER(Feld oder Bereich)
Logischen Wert WAHR liefern, wenn das Feld nicht leer ist. FALSCH
liefern, wenn in der 7. Zeile etwas gespeichert ist:
```
ISTLEER(Z7S1:200)
```

ISTLOG(Wert)
Logischen Wert WAHR liefern, wenn *Wert* ein logischer Wert ist. *Ab 4.0.*

ISTNV(Wert)
Logischen Wert WAHR liefern, wenn der Fehlerwert NV! vorliegt.

ISTPOS(Wert)
Logischen Wert WAHR liefern, wenn Wert eine (Bezugs-)Formel ist. Im
ersten Fall WAHR bzw. im zweiten Fall FALSCH liefern:
```
ISTPOS(Z7S2)  bzw.  ISTPOS(Z7S2+Z8S3)
```

ISTZAHL(N)
Logischen Wert WAHR liefern, wenn das Argument numerisch ist.

JAHR(N)
Angegebene Zahl in eine Jahreszahl 1900-2078 umwandeln. Siehe TAG.

JETZT()
Bei jeder Neuberechnung für das aktuelle Datum und die aktuelle Zeit
die laufende Zahl liefern.

KAPZ(zins;Zr;zzr;gw;zw;f)
Kapitalzahlung über einen gegebenen Zeitraum für eine Investition auf
Basis von regelmäßigen Zahlungen bei festem Zinssatz angeben. *Ab 4.0.*
-75,62 als Kapitalzahlung für den 1. Monat eines 24-Monate-Darlehens
über DM 2000.- bei einem Zinssatz von 10% angeben (zw=0 und f=0):
```
KAPZ(0,11/12;1;24;2000;0;0)
```

KLEIN(String)
String in Kleinbuchstaben umwandeln. Siehe GROSS, ANFANG.

KÜRZEN(N)
Den ganzzahligen Teil von N liefern. Siehe REST, GANZZAHL. *Ab 4.0.*

LIA(Kosten;Rest,Dauer)
Den Wert der linearen Abschreibung angeben. Siehe DIA, GDA. *Ab 4.0.*

LÄNGE(String)
Länge eines Strings (zwischen " " oder als Adresse) liefern.

LINKS(String,n)
Den linken Teilstring angeben (siehe RECHTS, TEIL). "Till" liefern:
```
LINKS("Tillmann und Klaus",4)
```

LN(N)
Den natürlichen Logarithmus des Arguments liefern. Siehe EXP, LOG10.

LOG(N;Basis)
Den Logarithmus von N zur *Basis* angeben. *Ab 4.0.*

LOG10(N)
Den Logarithmus von N zur Basis 10 angeben. Siehe ABS, LN.

MAX(Liste)
Den größten Wert oder 0 (falls keine Zahlenwerte gefunden) liefern. 77:
```
MAX(76;22;-23;75;77;1;2)
```

MIN(Liste)
Den kleinsten von zwei oder mehr Werten liefern. Siehe MAX.

MINUTE(N)
N in Minutenangabe zwischen 0 und 59 umwandeln. Siehe STUNDE.

MITTELW(Liste)
Den Mittelwert liefern. Wie SUMME(Liste)/ANZAHL(LISTE). Ergibt -2:
```
MITTELW(3,5;0,5;2)
```

MONAT(N)
N in Monatsangabe zwischen 0 und 12 umwandeln. Siehe STUNDE.

NAME()
Den Namen der Tabelle liefern, unter dem sie gespeichert ist.

NICHT(Logisch)
Den entgegengesetzten logischen Wert liefern (FALSCH ergibt WAHR).
```
NICHT(7+7=8)    bzw.    NICHT(7+7=14)
```

NV()
Den Fehlerwert NV! (nicht verfügbar) liefern. Siehe ISTNV.

ODER(Liste)
Logischen Wert WAHR liefern, wenn mindest ein Listenwert WAHR ist.

PI()
Den Näherungswert 3,1415926535898 für Pi liefern.

PRODUKT(Liste)
Das Produkt der Liste von Zahlen angeben. Sie Summe. *Ab 4.0.* Wert 24
angeben (Annahme: in Z3S7:Z3S9 sind 2,3,4 gespeichert):
```
PRODUKT(4;2;3)      bzw.      PRODUKT(Z3S7:Z3S9)
```

QIKV(Liste;Investitionssatz;Reinvestitionssatz)
Den qualifizierten internen Kapitalverzinsungssatz einer Liste von Cash-
Flows bei vorgegebenem Verzinsungssatz der Investitionen (Investitions-
satz) und der Reinvestitionen (Reinvestitionssatz) liefern. Cash-Flows
5000, 1000, 1500, 2000, 3000, 25000 und 5000 in Zeile 1 ergeben bei 12%
(Ausgaben) und 17% (Einnahmen) ergibt 15,19%
```
QIKV(Z1S1:Z1S7;0,12;0,17)
```

RECHTS(String,n)
n rechtsstehende Zeichen aus String entnehmen. Siehe LINKS, TEIL.
```
RECHTS("31.08.1988",4)
```

REST(N;M)
Den Rest der Division N/M liefern. Für M=0 wird DIV/0! angegeben.

RMZ(zins;zzr;gw;zw;f)
Regelmäßige Zahlung bei Cash-flow-Rechnung. Siehe GW.

RUNDEN(N;S)
Eine Zahl auf S Stellen runden (S=0 ganzzahlig, S<0 rundet innerhalb des
ganzzahligen Anteils). Siehe GANZZAHL, FEST. Zahlen 7,64 bzw. 70:
```
RUNDEN(7,635;2)    bzw.    RUNDEN(71;-1)
```

SEKUNDE(N)
Eine Sekundenzahl zwischen 0 und 59 liefern. Siehe STUNDE.

SIN(N)
Den Sinus von N als Winkel im Bogenmaß liefern. Siehe COS, TAN.

SPALTE()
Die Nummer der Spalte liefern, in der SPALTE() aufgerufen wird.

STABW(Liste)
Die Standardabweichung liefern. STABW(24;84;34) ergibt 32,1455.

STABWN(Liste)
Die Standardabweichung nach dem Verfahren "mit systematischem Fehler"
oder "n" liefern. *Ab 4.0.*

STUNDE(N)
N in eine Stundenzahl zwischen 0 und 23 umwandeln. Die Zeitangabe N
wird als Dezimalzahl zwischen 0 und 1 (ausschließlich) angegeben. Die
Stunden- Minuten- bzw. Sekundenzahlen 16, 48 bzw. 0 liefern:
```
STUNDE(0,7) bzw. MINUTE("4:48:00" bzw. SEKUNDE(ZEIT(16;48;0))
```

SUCHEN(N;Bereich)
Eine Tabellenzeile bzw. -spalte nach N durchsuchen und den Inhalt des
letzten Feldes ausgeben. Siehe VERWEIS. *Nur bis 3.0.* Die zu prüfenden
Werte müssen aufsteigend sortiert sein:
```
98    109    174    222       SUCHEN(109;Z1S1:Z2S4)    ergibt 8
 3      8      1      4       SUCHEN(22;Z1S1;Z2S3)     ergibt NV!
```

SUCHEN(Suchtext;Text;Beginn)
Nach dem Suchtext in einem Text ab einer Beginn-Position suchen und
die Positionsnummer des Zeichens angeben, bei dem der Suchtext zum ersten Mal auftritt. Gegensatz zu FINDEN: keine Unterscheidung zwischen
Groß-/Kleinschreibung; Joker ? und * sind erlaubt. *Ab 4.0.* Position 5:
```
SUCHEN("e*r";"Heidelberg";1)
```

SUMME(Liste)
Die Summe der Zahlen angeben. Siehe ANZAHL, MITTELW, MAX. 200:
```
SUMME(66;100;34;-1;1)
```

TAG(N)
Die laufende Zahl N (zwischen 0 und 65380) in eine Tagesangabe
zwischen 1 und 31 umwandeln. Siehe JAHR (Zahl zwischen 1900 und
2078), MONAT (zwischen 1 und 12) bzw. WOCHENTAG (Zwischen 1
und 7). Ausgabe der Tagesangabe 15, Monatsangabe 4, Jahresangabe 1986:
```
TAG(DATUM(1985;4;15))   bzw.   MONAT(DATUM(1985;4;15))   bzw.   JAHR(31654)
```

TAN(N)
Tangens von N als Winkel im Bogenmaß liefern. Siege COS, ARCTAN.

TEIL(String;Beginn;Länge)
Teilstring liefern (für Beginn>Länge oder Länge=0 Leerstring liefern).
Teilstring "und" angeben:
```
TEIL("Klaus und Tillmann;7;3")
```

UND(Liste)
Logischen Wert WAHR liefern, wenn alle Werte der Liste WAHR sind.
WAHR liefern (Argumente müssen logische Werte sein, sonst WERT!).
```
UND(9+8=17;6+6=12;0+1=1)
```

VARIANZ(Liste)
Durch Schätzung die Varianz einer Grundgesamtheit anhand der Stichprobe ermitteln, die mit der Liste angegeben ist. *Ab 4.0.*

VARIANZEN(LISTE)
Die Varianz einer Grundgesamtheit ermitteln, wenn mit der Liste sämtliche Daten angegeben sind. *Ab 4.0.*

VERSION()
Die Multiplan-Versionsnummer angeben. *Ab 4.0.*

VERWEIS(N;Bereich)
Entspricht der Funktion SUCHEN unter Multiplan 3.0. *Ab 4.0.*

VORZEICHEN(N)
Vorzeichen von N als Zahl (1 für positiv, 0 für Null, -1 für negativ).

WÄHRUNG(N;Nachkommastellen)
Zahlenwert N in einen Text im Währungsformat (entsprechend Befehl
FORMAT WÄHRUNG) umwandeln (Nachkommastellen=2 voreingestellt).

Bei FORMAT WÄHRUNG "DM" "7,26 DM" bzw. "1.000 DM" zeigen:

```
WÄHRUNG(7,255;2) bzw.  WÄHRUNG(1;4)
```

WAHL(Index;Liste)

Unter Verwendung eines *Index* aus einer *Liste* von Werten (Adressen, Texte oder Zahlen) auswählen. *Ab 4.0.* "c)" als Ergebnis für die 3. Stelle:

```
WAHL(3;"a)";"b)";"c)";"nichts")
```

WAHR()

Den logischen Wert WAHR liefern. Wenn Z4S9 größer als 999, FALSCH:

```
WENN(999<Z4S9;FALSCH();WAHR())
```

WECHSELN(Text;TextAlt;TextNeu;Anzahl)

Im *Text* den *TextAlt* durch *TextNeu* in der angegebenen Anzahl von Zeichen ersetzen. Bei fehlender Anzahl wird der gesamte TextAlt ersetzt. Siehe ERSETZEN, GLÄTTEN. *Ab 4.0.* "Tillmann" angeben:

```
WECHSELN("Tiaamann";"a";"l")
```

WENN(Logisch;Dann-Wert;Sonst-Wert)

Wenn der logische Wert WAHR ist, wird als Ergebnis der Dann-Wert, sonst aber der SONST-Wert übernommen. Dann- und Sonst-Wert können Zahlen-, Text- oder logische Werte sein. Nur im Falle Z7S2 kleiner/gleich Z7S3 einen Text anzeigen:

```
WENN(Z7S2>Z7S3;"";"Bedingung nicht erfüllt")
```

WERT(String)

Die in einem String enthaltene Zahl bzw. WERT! als Fehlerwert liefern. Die Zahlen 7777 bzw. 20 (Exponentialdarstellung) liefern:

```
WERT("7777DM")  bzw.  WERT("2E1")
```

WIEDERHOLEN(String;Anzahl)

Einen Gesamtstring mit Anzahl Wiederholungen von String liefern. Den String "Freiburg Freiburg " anzeigen:

```
WIEDERHOLEN("Freiburg ";2)
```

WOCHENTAG(N)

Laufende Zahl N in Wochentagszahl (1 und 7) umwandeln. Siehe TAG.

WURZEL(N)

Die Quadratwurzel von N liefern.

ZAHL(Bereich)

Inhalt des linken oberen Feldes des numerischen Bereichs liefern. Die Zahl 88 liefern, wenn in Z7S2 die 88 steht (sonst jedoch 0):

```
ZAHL(Z7S2)
```

ZÄHLER()
Die Anzahl der Iterationsdurchgänge liefern. Siehe DELTA().

ZEICHEN(N)
Das der ASCII-Codenummer 1 - 255 entsprechende Zeichen liefern. Zeichen "K" angeben, da im ASCII "K" die Nummer 75 zugeordnet ist:
```
ZEICHEN(75)
```

ZEILE()
Nummer der Zeile, in der die Funktion ZEILE() steht, liefern.

ZEIT(Stunde;Minute;Sekunde)
Die Zeitangabe in eine laufende Zahl zwischen 0 (für 0:00:00 Uhr) und 1 (für 23:59:59 Uhr) umwandeln. Siehe JETZT, DATUM, ZEITWERT. Die Zeitzahlen 0,75 bzw. 0,2 liefern:
```
ZEIT(18;0;0)     bzw.     ZEIT(16;48;0)-ZEIT(12;0;0)
```

ZEITWERT(String)
String in Zeitzahl zwischen 0 und 1 umwandeln. Zeitzahlen 0,1 bzw. 0,2:
```
ZEITWERT("14:24")     bzw.     ZEITWERT("16:48")
```

ZINS(zzr;rmz;gw;zw;f;Schätzwert)
Zinssatz liefern bei Cash-flow-Rechnung. Siehe GW.

ZINSZ(zins;Zr;zzr;gw;zw;f)
Die Zinszahlung über einen gegebenen Zeitraum für eine Investition auf Basis regelmäßiger, konstanter Zahlungen bei festem Zinssatz ermitteln. Siehe GW, IKV, KAPZ, QIKV, RMZ, ZINS, ZW und ZZR. *Ab 4.0.*

ZUFALLSZAHL()
Eine Zufallszahl zwischen 0 und 0,9999... liefern.

ZW(zins;zzr;rmz;gw;f)
Zukünftigen Wert (ZW) bei Cash-flow-Rechnung ermitteln. Siehe GW.

ZZR(zins;rmz;gw;zw;f)
Die Zahl der Zeiträume bei Cash-flow-Rechnung. Siehe GW.